U0248542

Wenzhou Cast-in-Place Bored Pile

Construction
Manual

温州市钻孔灌注桩
施工手册

主编　陈昌坤

ZHEJIANG UNIVERSITY PRESS
浙江大学出版社

图书在版编目（CIP）数据

温州市钻孔灌注桩施工手册 / 陈昌坤主编. —杭州：
浙江大学出版社，2014.12
ISBN 978-7-308-13761-4

Ⅰ.①温… Ⅱ.①陈… Ⅲ.①钻孔灌注桩－工程施工
－技术手册 Ⅳ.①TU753.3－62

中国版本图书馆 CIP 数据核字（2014）第 191627 号

温州市钻孔灌注桩施工手册

主　编　陈昌坤

责任编辑	王元新
封面设计	续设计
出版发行	浙江大学出版社
	（杭州市天目山路 148 号　邮政编码 310007）
	（网址：http://www.zjupress.com）
排　　版	杭州中大图文设计有限公司
印　　刷	浙江万盛达实业有限公司
开　　本	880mm×1230mm　1/32
印　　张	6.125
字　　数	123 千
版印次	2014 年 12 月第 1 版　2014 年 12 月第 1 次印刷
书　　号	ISBN 978-7-308-13761-4
定　　价	32.00 元

《温州市钻孔灌注桩施工手册》
编委会

主　　编：陈昌坤

副 主 编：唐东欣　姜国庆　徐永年

参编人员：陈伟民　骆嘉成　夏建新

　　　　　林开明　王怀拨　徐良环

审核人员：金国平　孙林柱　林云敏

　　　　　胡正华　卢立海　楼元仓

　　　　　叶康生　林春光　王新华

主编单位：温州市建设工程质量监督站

参编单位：温州市建筑业联合会基础工程分会

　　　　　温州建设集团有限公司

　　　　　温州市勘察测绘研究院

　　　　　温州浙南地质工程有限公司

　　　　　温州工程勘察院有限公司

　　　　　温州长城基础工程有限公司

　　　　　温州厦泰基础工程有限公司

前　言

随着改革开放的不断深入和社会经济的不断发展,温州市从20世纪80年代开始高层建筑不断涌现,基桩越打越深,大部分为钻孔灌注桩。钻孔灌注桩属于隐蔽工程,由于影响灌注桩施工质量的因素较多,对其施工过程中每一个环节都必须严格要求,对各种影响因素都必须详细考虑。如地质因素、钻孔工艺、护壁、钢筋笼的制作、清孔、混凝土的配制、灌注等,若稍有不慎或措施不严,基桩就会产生质量事故。小到塌孔缩径,大到断桩报废,给国家和人民财产造成重大损失,并对工期和整个工程质量产生不利影响。所以对钻孔灌注桩的现场控制尤为重要,特别是温州地区复杂的地质特性。

为了进一步提高工程质量,消除基桩施工的质量隐患,针对温州地区钻孔灌注桩存在的实际问题,我们按照国家的相关法律法规和规范标准要求,在经过调查研究、分析实践的基础上,编写了本施工手册。

由于本书涉及地质、检测、材料、施工等情况,理论知识面广、实践操作性强,可供各建设、施工、监理、检测等单位学习和使用。但由于时间仓促和编者水平有限,错误和不当之处在所难免,恳请相关单位、业界同行以及广大读者批评指正。

陈昌坤

2014 年 8 月 6 日

目 录

1

1 总 则

1.1 为加强温州市钻孔灌注桩的施工质量控制,保证桩基工程质量,保证施工安全,保护环境,特编制本施工手册。

1.2 本施工手册既适用于温州市建筑工程混凝土灌注桩的施工,也适用于支护桩的施工。

1.3 本手册适用于采用泥浆护壁成孔、水下混凝土灌注的钻(冲)孔灌注桩。

2 岩土工程勘察

2.1 地 貌

2.1.1 温州市的地貌受地质构造的影响,地势自西向东呈梯状下降。温州市地貌分为西部中低山区、中部低山丘陵盆地区、东部平原滩涂区和沿海岛屿区。

2.1.2 温州市东部各河流下游及其沿海地区,由河流和海潮共同形成了洪积、冲积及海积平原。

2.2 地 层

2.2.1 温州市除局部砂砾岩、砂岩、页岩露头外,几乎全部为中生界侏罗、白垩系火山沉积岩系覆盖。第四系沉积主要分布在滨海一带和江河两岸,分别为滨海和河流冲积相沉积。

2.2.2 温州平原区工程地质分层及其层序编号可参照表2.2.1。

2.3 岩石的分类和鉴定

2.3.1 岩石按成因分为岩浆岩、沉积岩和变质岩,其中岩浆岩是温州市分布最为广泛的岩石类型。

2.3.2 根据岩石坚硬程度,可按表 2.3.1 划分为坚硬岩、较硬岩、较软岩、软岩和极软岩五类。

表 2.2.1 温州平原地区典型综合地质地层特征

地层单位			年龄(距今万年)	工程地质分层编号	土层定名	岩性描述	成因类型	工程质量层类别	含水层
系	统	代号							
第四系	全新系	Q_4^3	0.25	①₀	人工填土	杂填土、素填土和冲填土，结构松散、土质松软，成分杂乱、均匀性差	人工堆积		
				①	黏土	黄褐、灰褐色，可塑—软塑、含铁锰质氧化物和腐植物	冲湖积、湖沼积	硬壳层	孔隙潜水
				②₁	淤泥	灰色，流塑，含少量腐植物和贝壳碎屑，局部可见泥炭和沼气，夹薄层粉细砂	海积	软土层	
		Q_4^2	0.75	②′₁	粉、细砂夹淤泥	灰色，淤泥呈流塑状，粉细砂松散、极配较差。沿瓯江两侧部分地段为稍密—中密粉细砂、中细砂层	冲海积		浅部承压水
				②₂	淤泥	灰色，流塑，含水量沼气，夹薄层粉细砂。沿瓯江两侧可见泥炭和沼气，局部可见腐植物和贝壳碎屑	海积	软土层	
		Q_4^1	1.2	③₁	淤泥质黏土	全区稳定分布，灰色、流塑、高灵敏度，含少量腐植物和贝壳碎屑片，夹薄层粉细砂，具有鳞片状结构	海积	软土层	
				③₂	黏性土	灰色，软塑，含少量腐植物和贝壳碎片	海积	软土层	软土层
				③′₂	粉、细砂夹淤泥	灰色，淤泥呈流塑状，粉细砂松散、稍密、极配较差，沿瓯江两侧局部为稍密—中密粉细砂、极配中细砂层；个别地段为松散—稍密砾砂、圆砾	冲海积		

续表

地层单位 系	统	代号	年龄(距今万年)	工程地质分层编号	土层定名	岩性描述	成因类型	工程质量层类别	含水层
第四系	上更新系	Q₃²⁻²	3.00	④₁	黏性土	黄褐、黄绿色,可塑,含铁质结核和氧化斑点	冲海积	第二硬土层	
				④₂	黏性土	灰色,软塑—可塑,含少量腐植物和贝壳碎屑	海积		
			5.00	④₃	砂土	杂色,饱和,稍密,磨圆度中等,颗粒极配良好,沿江两岸部分位置为卵(砾)石、砾砂,分布稳定地段作为桩基持力层	冲积		第Ⅱ₋₁承压含水层
		Q₃²⁻¹		⑤₁	黏性土	灰绿、灰兰、灰黄色,可塑	冲湖积	第三硬土层	
			10.00	⑤₂	黏性土	灰色,软塑—可塑,夹少量粉细砂薄层;含少量半碳化植物碎屑和贝壳碎屑	海积		
				⑤₂'	卵(砾)石	灰色,饱和,中密、密实,夹粉质黏土和砂透镜体;分布良好的桩基持力层	冲海积		
		Q₃¹	18.00	⑥₁	粉质黏土	灰绿、灰兰白色,可塑—硬塑	冲海积	第四硬土层	
				⑥₂	黏土	灰色,灰白色,可塑,夹少量粉细砂薄层	海积		
				⑥₃	卵(砾)石	杂色,饱和,中密、密实,夹粉质黏土和砂透镜体;磨圆度中,极配良好,分布稳定地段作为良好的桩基持力层	冲积		第Ⅰ₂承压含水层

续表

地层单位				工程地质分层编号	土层定名	岩性描述	成因类型	工程质量层类别	含水层
系	统	代号	年龄（距今万年）						
第四系	中更新统	Q_2^2	30.00	⑦₁	粉质黏土	灰绿、灰兰色、可塑—硬塑	冲湖积		
				⑦₂	卵（砾）石	灰色、中密—密实、卵（砾）石次圆—次棱角状；分布稳定地段作为良好的桩基持力层	冲积、洪冲积		第Ⅱ承压含水层
	下更新统	Q_1^1	78.00	⑧₁	粉质黏土	灰绿、灰黄色、可塑—硬塑	冲湖积		
				⑧₂	含黏性土卵（砾）石	黄褐色、饱和、中密—密实、卵（砾）石次棱角状为主；分布稳定地段作为良好的桩基持力层	冲洪积		第Ⅲ承压含水层
				⑨	含碎石黏性土	杂色、可塑—硬塑	残坡积		
前第四系 AnQ		e1－d1Q	300.00	⑩	基岩	主要为凝灰岩、花岗岩、安山岩等；强风化基岩、中风化基岩作为良好的桩基持力层			

表 2.3.1　岩石坚硬程度分类

坚硬程度	坚硬岩	较硬岩	较软岩	软　岩	极软岩
饱和单轴抗压强度(MPa)	$f_r>60$	$60{\geqslant}f_r>30$	$30{\geqslant}f_r>15$	$30{\geqslant}f_r>5$	$f_r{\leqslant}5$

注:①当岩体完整程度为极破碎时,可不进行坚硬程度分类;
　　②温州地区分布的岩石大部分属硬质岩,代表性岩石主要为凝灰岩、花岗岩、闪长岩、安山岩、石英岩、石英砂岩等。

2.3.3　根据岩体的完整性程度,可按表 2.3.2 划分为完整、较完整、较破碎、破碎和极破碎五类。

表 2.3.2　岩体完整程度分类

完整程度	完　整	较完整	较破碎	破　碎	极破碎
完整性指数	>0.75	0.75~0.55	0.55~0.35	0.35~0.15	<0.15

注:完整性指数为岩体压缩波速度与岩块压缩波速度之比的平方,选定岩体和岩块进行测试波速时,应注意代表性。

2.3.4　根据岩石的坚硬程度和岩体的完整性程度,可按表 2.3.3 将岩体基本质量等级划分为Ⅰ、Ⅱ、Ⅲ、Ⅳ和Ⅴ五个等级。

表 2.3.3　岩体基本质量等级分类

完整程度　　坚硬程度	完　整	较完整	较破碎	破　碎	极破碎
坚硬岩	Ⅰ	Ⅱ	Ⅲ	Ⅳ	Ⅴ
较硬岩	Ⅱ	Ⅲ	Ⅳ	Ⅳ	Ⅴ
较软岩	Ⅲ	Ⅳ	Ⅳ	Ⅴ	Ⅴ
软岩	Ⅳ	Ⅳ	Ⅴ	Ⅴ	Ⅴ
极软岩	Ⅴ	Ⅴ	Ⅴ	Ⅴ	Ⅴ

2.3.5　岩石的风化程度,可按表 2.3.4 划分。

表 2.3.4　岩石按风化程度分类

风化程度	野外特征	可钻性
未风化	岩质新鲜,偶见风化裂隙	极难钻进,可采用专业岩芯钻或冲击钻成孔
微风化	结构基本未变,仅节理面有渲染或略有变色,有少量风化裂隙	很难钻进,可采用专业岩芯钻或冲击钻成孔
中等风化	结构部分破坏,沿节理面有次生矿物,风化裂隙发育,岩体被切割成岩块	难钻进,可采用牙轮钻、冲击钻等钻具成孔;对于埋深不大的岩石(如埋深浅于 30m),宜采用冲击成孔
强风化	结构大部分破坏,矿物成分显著变化,风化裂隙很发育,岩体破碎	较难钻进,采用性能好、硬度高的合金钻头或冲击成孔
全风化	结构基本破坏,但尚可辨认,有残余结构强度	呈中密—密实状粉土、砂土状的全风化,较难钻进;其他的较容易
残积土	组织结构全部破坏,风化成土状,具可塑性	较容易钻进

注:表中的可钻性,母岩属硬质岩。

2.4　土的分类和鉴定

2.4.1　晚更新世 Q_3 及其以前沉积的土,应定为老沉积土;第四纪全新世中近期沉积的土,应定为新近沉积土。根据地质成因,温州地区的土主要划分为残积土、坡积土、洪积土、冲积土、淤积土等。

2.4.2　粒径大于 2mm 的颗粒质量超过总质量 50% 的土,应定名为碎石土,并按表 2.4.1进一步分类。

表 2.4.1　碎石土分类

土的名称	颗粒形状	颗粒级配	可钻性
漂石	圆形及亚圆形为主	粒径大于 200mm 的颗粒质量超过总质量 50%	很难钻进,需采用专业岩芯钻或冲击钻成孔
块石	棱角形为主		
卵石	圆形及亚圆形为主	粒径大于 20mm 的颗粒质量超过总质量 50%	难钻进
碎石	棱角形为主		
圆砾	圆形及亚圆形为主	粒径大于 2mm 的颗粒质量超过总质量 50%	较难钻进
角砾	棱角形为主		

注:定名时,应根据颗粒级配由大到小以最先符合者确定。

　　2.4.3　粒径大于 2mm 的颗粒质量不超过总质量 50%,粒径大于 0.075mm 的颗粒质量超过总质量 50% 的土,应定名为砂土,并按表 2.4.2 进一步分类。

表 2.4.2　砂土分类

土的名称	颗粒级配
砾砂	粒径大于 2mm 的颗粒质量占总质量 25%～50%
粗砂	粒径大于 0.5mm 的颗粒质量超过总质量 50%
中砂	粒径大于 0.25mm 的颗粒质量超过总质量 50%
细砂	粒径大于 0.075mm 的颗粒质量超过总质量 85%
粉砂	粒径大于 0.075mm 的颗粒质量超过总质量 50%

注:定名时,应根据颗粒级配由大到小以最先符合者确定。

　　2.4.4　粒径大于 0.075mm 的颗粒质量不超过总质量 50%,且塑性指数等于或小于 10 的土,应定名为粉土。

　　2.4.5　塑性指数大于 10 的土应定名为黏性土。

　　黏性土应根据塑性指数分为粉质黏土和黏土。塑性指数大于 10 且小于或等于 17 的土,应定名为粉质黏土;塑性指数大于 17 的土应定名为黏土。

2.4.6 除按颗粒分析或塑性指数定名外,土的综合定名应符合下列规定:

1)对混合土,应冠以主要含有的土类定名,如含碎石黏土、含黏土角砾等。

2)对同一土层中相间呈韵律沉积,当薄层与厚层的厚度比大于 1/3 时,宜定名为"互层",如黏土与粉砂互层;厚度比为 1/10～1/3 时,宜定名为"夹层";厚度比小于 1/10,且多次出现时,宜定名为"夹薄层",如黏土夹薄层粉砂。

2.4.7 碎石土的密实度可根据重型圆锥动力触探锤击数按表 2.4.3 确定,表中的 $N_{63.5}$ 为修正后的锤击数。定性描述可按表 2.4.4 的规定执行。

表 2.4.3 碎石土密实度按 $N_{63.5}$ 分类

重型动力触探锤击数 $N_{63.5}$	密实度	重型动力触探锤击数 $N_{63.5}$	密实度
$N_{63.5} \leqslant 5$	松散	$10 < N_{63.5} \leqslant 20$	中密
$5 < N_{63.5} \leqslant 10$	稍密	$N_{63.5} > 20$	密实

注:本表适用于平均粒径等于或小于 50mm,且最大粒径小于 100mm 的碎石土。对于平均粒径大于 50mm 或最大粒径大于 100mm 的碎石土,可用超重型动力触探或用野外观察鉴别。

表 2.4.4 碎石土密实度野外鉴别

密实度	骨架颗粒含量和排列	可钻性
松散	骨架颗粒质量小于总质量的 60%,排列混乱,大部分不接触	钻进较易,钻杆稍有跳动,孔壁易坍塌
中密	骨架颗粒质量等于总质量的 60%～70%,呈交错排列,大部分接触	钻进较困难,钻杆跳动较剧烈,孔壁有坍塌现象
密实	骨架颗粒质量大于 70%,呈交错排列,连续接触	钻进困难,钻杆跳动剧烈,孔壁较稳定

2.4.8 砂土的密实度应根据标准贯入试验锤击数实测值 N 划分为密实、中密、稍密和松散,并应符合表 2.4.5 的规定。

表 2.4.5　砂土密实度分类

标准贯入锤击数 N	密实度	可钻性
$N \leqslant 10$	松散	易于钻进,孔壁易坍塌
$10 < N \leqslant 15$	稍密	
$15 < N \leqslant 30$	中密	钻进难度不大,孔壁有坍塌现象
$N > 30$	密实	钻进较困难,孔壁稳定

2.4.9　粉土的密实度应根据孔隙比 e 划分为密实、中密和稍密;其湿度应根据含水量 W(%)划分为稍湿、湿、很湿。密实度和湿度的划分应分别符合表 2.4.6 和表 2.4.7 的规定。

表 2.4.6　粉土密实度分类

孔隙比 e	密实度	孔隙比 e	密实度	孔隙比 e	密实度
$e < 0.75$	密实	$0.75 \leqslant e \leqslant 0.90$	中密	$e > 0.90$	稍密

表 2.4.7　粉土湿度分类

含水量 W	湿度	含水量 W	密实度	含水量 W	湿度
$W < 20$	稍湿	$20 \leqslant W \leqslant 30$	湿	$W > 30$	很湿

2.4.10　黏性土的状态应根据液性指数 I_L 划分为坚硬、硬塑、可塑、软塑和流塑;并应符合表 2.4.8 的规定。

表 2.4.8　黏性土状态分类

液性指数 I_L	状态	液性指数 I_L	状态
$I_L \leqslant 0$	坚硬	$0.75 < I_L \leqslant 1$	软塑
$0 < I_L \leqslant 0.25$	硬塑	$I_L > 1$	流塑
$0.25 < I_L \leqslant 0.75$	可塑		

2.4.11　对工程意义上具有特殊成分、状态和结构特征且在

一定区域分布的土应定名为特殊性土。特殊性土划分为：

1)淤泥及淤泥质土:在静水或缓慢的流水环境中沉积,并经生物化学作用形成的黏性土。当天然含水量大于液限而天然孔隙比大于或等于1.5时定名为淤泥;当天然含水量大于液限而天然孔隙比小于1.5但大于或等于1.0时定名为淤泥质土。

2)有机土:含腐殖质及未完全分解的动植物体,有机质含量大于或等于5%的土。

3)填土:由人类活动堆积而成的土。根据物质组成和成因可分为以下四类:

(1)素填土:由碎石土、砂土、粉土和黏性土等一种或几种组成的填土。按主要组成物质可分别定名为碎石填土、砂土填土、粉土填土和黏性土填土等。

(2)杂填土:含有大量建筑垃圾、工业废料或生活垃圾等杂物。

(3)冲(吹)填土:由水力冲填泥砂或粉煤炭形成。

(4)压实填土:按一定标准控制材料成分、密度、含水量,分层压实或夯实而成。

2.5 桩基工程勘察

2.5.1 各项建设工程在设计和施工之前,必须按基本建设程序进行岩土工程勘察。

2.5.2 建筑物的岩土工程勘察宜分阶段进行,初步勘察应符合初步设计的要求;详细勘察应符合施工图设计的要求;场地条件复杂或有特殊要求的工程,宜进行施工勘察。

2.5.3 桩基岩土工程勘察应包含下列内容:

1)查明场地各层岩土的类型、深度、分布、工程特性和变化规律。

2)采用基岩作为桩的持力层时,应查明基岩的岩性、构造、岩面变化、风化程度,确定其坚硬程度、完整程度和基本质量等级,判定有无洞穴、临空面、破碎岩体或软弱岩层。

3)查明水文地质条件,评价地下水对桩基设计和施工的影响,判定水质对建筑材料的腐蚀性。

4)查明不良地质作用,可液化土层和特殊性岩土的分布及其对桩基的危害程度,并提出防治措施的建议。

5)评价成桩可能性,论证桩的施工条件及其对环境的影响。

2.5.4 勘探孔的深度应符合下列规定:

1)一般性勘探孔的深度应进入预计桩长以下 $3d \sim 5d$(d 为桩径),且不得小于 3m;对于大直径桩,不得小于 5m。

2)控制性勘探孔的深度应超出地基变形的计算深度。

2.5.5 桩基的单桩竖向承载力应根据桩型、场地地质条件和试桩资料综合确定,对地质条件复杂、缺乏同类型静荷载试桩资料和甲级的桩基工程,应通过现场的静载荷试验确定。

2.5.6 当桩端选择硬土层作为桩端持力层时,桩端全断面进入持力层的深度,对黏性土、粉土和砂土不宜小于 $4d$(d 为桩端直径或边长);碎石类土不宜小于 $1.5d$;中等风化岩全断面嵌入不宜小于 $0.4d$ 且不小于 0.5m,倾斜度大于 30% 的中等风化岩,宜根据倾斜度及岩石完整性适当加大嵌岩深度;当存在软弱下卧层时,桩基以下硬持力层厚度一般不宜少于 $5d$。

2.5.7 钻孔灌注桩的试成孔时,桩端硬土层界面的判定,应结合以下几个方面综合考虑、界定:

1)岩土工程勘察报告。

2)岩样。

3)钻进特征和钻进速度。

钻孔灌注桩工程桩施工时,桩端硬土层界面的判定,除应考虑上述几方面外,更应结合试桩、周边已完成的工程桩成果资料确定。

2.5.8 钻孔灌注桩施工中桩端硬土层界面判定时岩样的采

集,应符合以下规定:

1)岩样应由监理单位人员负责采取或在监理单位人员见证下施工技术人员采取。

2)岩样采取位置应为孔口或桩锤附近。

3)采样的间距应有利于界面判定,并宜适当加密;对于中等风化岩,采样的间距可按每小时或进尺每5~20cm采样1次;对于碎石类土,采样的间距按每30分钟或进尺每10~30cm采样1次。

4)采集后的岩样不得挑选,应清洗干净,装袋后附上完整的标签妥善保管,并宜由监理单位负责保管,施工方可备样一份。岩样标签应统一规格、利于长期保存,标签上应采用钢笔(黑色或蓝色)记录,岩样标签格式如表2.5.1所示。

表 2.5.1 岩样标签

工程名称			
桩　号		岩样序号	
取样深度		岩样名称	
取样人姓名		取样时间	

2.5.9 单桩竖向承载力特征值,可根据下式估算:

$$R_a = \mu_p \sum q_{sia} l_i + q_{pa} A_p$$

式中:R_a——单桩竖向承载力特征值(kN);

μ_p——桩身截面周长(m);

q_{sia}——第 i 层岩岩土桩侧阻力特征值(kPa);

q_{pa}——桩端土阻力特征值(kPa);

l_i——第 i 层岩土的厚度(m);

A_p——桩端横截面面积(m²)。

2.5.10 单桩竖向抗拔承载力特征值,可根据下式估算:

$$R'_a = \mu_p \sum \lambda_i q_{sia} l_i + G_{pk}$$

式中:R'_a—— 单桩竖向抗拔承载力特征值(kN);

μ_p—— 桩身截面周长(m);

λ_i—— 第 i 层岩土的抗拔承载力系数,按表2.5.2取值;

q_{sia}—— 第 i 层岩土桩侧阻力特征值(kPa);

l_i—— 第 i 层岩土的厚度(m);

G_{pk}—— 单桩自重标准值,地下水位以下应扣除浮力。

表 2.5.2　抗拔承载力系数

土的类型	λ
砂土、碎石土	0.50～0.70
黏性土、粉土	0.70～0.80

3 钻孔灌注桩工程施工准备

3.1 一般规定

3.1.1 工程开工前,应取得经岩土工程勘察审查合格的岩土工程勘察报告。对于设计要求进入基岩的桩基工程,勘察报告应提供基岩面高程等值线,以便于指导施工。

3.1.2 工程开工前,应取得施工图审查合格的桩基工程施工图。桩基工程施工图主要有桩位平面布置图、基桩设计参数表、承台平面图、承台详图等施工图。

3.1.3 工程开工前,应将坐标点、水准点引进施工现场,以此作为施工放线的依据。根据建筑物(构筑物)的定位平面图、定位坐标,在工程用地范围内建立统一的测量控制网,设立测量控制基准点。测量控制基准点应设置在不受桩基施工影响的区域外。

3.1.4 工程开工前,应建立与桩基工程规模相适应的施工管理组织,建立质量控制保证体系。

3.1.5 工程开工前,应进行现场踏勘,对邻近的建筑物、构筑物、架空线路、地下管线等进行调查,根据需要采取相应的保护措施。

3.1.6 工程开工前,应办理泥浆处置、消纳手续,保护环境。

3.1.7 在工程开工前,应进行工艺性试成孔,确定施工工艺参数和终孔控制标准,验证勘察参数和设计参数。

3.1.8 桩基工程施工设备(钻机)必须经过检测合格并取得桩机检测合格证书;钻机操作人员必须取得钻机操作证后方可上

岗;项目管理人员应接受过桩基工程施工的教育培训并取得相应的资格证书。

3.2 施工管理组织及设施

3.2.1 桩基工程施工应建立专业施工管理组织机构。施工管理组织的形式和规模,可以根据工程特点、规模、技术复杂程度、环境因素等综合确定。

3.2.2 施工管理组织机构的管理人员应包括:项目负责人(项目经理)、专业技术负责人、测量员、施工员、质检员、材料员、安全员、资料员、取样试验员等,明确各岗位的工作职责。人员数量可参考表3.2.1。

表 3.2.1 施工管理人员配置

岗位名称	岗位主要职责	建议配置数量	备 注
项目负责人(项目经理)	全面负责项目施工管理	1	
技术负责人	负责技术管理、确定施工工艺、做好技术交底	1	工程量小于10000m³时可兼职
测量员	负责桩孔护筒放样、桩位复核、测量技术资料整理	按每日成桩数量配置,10～15根/人	
施工员	负责施工现场调度、工作安排、班组工作交底	按桩机数量配置,10～15台/人	
质检员	负责施工过程工序质量检验、材料质量检验	按桩基数量配置,10～15台/人	

岗位名称	岗位主要职责	建议配置数量	备 注
材料员	负责材料、周转材料、配件的采购	按桩机数量配置，20～25台/人	工程量小于10000m³时可兼职
安全员	负责施工现场安全管理、安全技术交底	按桩机数量配置，20～25台/人	
资料员	负责工程技术资料的归集与整理	按每日成桩数量配置，15～20根/人	当日成桩数量少于5根时，可兼职
试验员	负责材料检验试验、混凝土试块制作	按每日成桩数量配置，10～15根/人	当日成桩数量少于5根时，可兼职

3.2.3 施工现场应配备经校核合格的测量仪器(全站仪或经纬仪、水准仪)、泥浆秤或泥浆比重计、泥浆黏度计、经校核合格的钢丝测绳、塌落度筒等;宜配备孔径仪、测斜仪以及能够进行摄像摄影的影像设备。

3.2.4 建立与工程施工相适应的技术管理制度、质量管理制度、工序验收程序、材料进场检验程序等工程管理制度和流程。

3.2.5 施工中严格工序质量控制,及时进行隐蔽验收,上道工序验收合格后,方可进入下道工序的施工。

3.3 技术准备

3.3.1 开工前应熟悉施工图和岩土工程勘察报告,掌握岩土工程特点、主要施工机械及其配套设备的技术性能,编制桩基工程施工组织设计。当桩基工程规模较小、地质条件简单、施工周期短时,可编制桩基施工专项方案。

3.3.2 桩基施工专项方案或施工组织设计由项目经理组织项目技术负责人等编制,公司技术、质量、安全部门审核,企业技术负责人(总工程师)批准。有总承包单位时,应由总承包单位项目技术负责人核准备案,并按工程监理程序报监理工程师审批后实施。

3.3.3 当符合下列条件之一的,应由建设单位或总承包单位,组织 5 名(含)以上勘察、桩基施工和岩土工程方面的专家,对施工组织设计进行论证:

1)桩孔深度大于 80m 的。

2)桩身需穿越深厚砂层、砾石层、卵石层、残坡积土等复杂地层的。

3)在深厚的回填土、流塑性软土等地层成孔的。

4)设计要求桩端进入中等风化、微风化基岩的。

5)采用新技术、新工艺施工的(钻孔扩底桩、灌注桩后注浆)。

6)采用逆作法施工的桩基工程。

3.3.4 施工组织设计(施工方案)的主要内容包括:

1)桩基工程设计概况、岩土工程概况。

2)施工影响因素分析。

3)确定施工工艺、成孔机械、配套设备。

4)施工质量保证体系、施工质量保证措施、季节性施工措施、应急预案。

5)施工进度计划、劳动力组织计划、材料供应计划。

6)临时用电、用水方案,泥浆排放处置方案。

7)对安全生产、劳动保护、防火、防雨、防台风、文物和环境保护等方面应有针对性的措施。

8)施工平面图,标明桩位、编号、施工顺序、水电线路和临时设施的位置,标明泥浆池、废浆池、泥浆循环系统、泥浆制备设施等。

3.3.5 桩基施工图会审,重点审核以下内容:

1)施工图本身是否矛盾和错误,图纸和设计说明是否相一致。

2)基桩的配筋率、钢筋笼长度是否符合标准、规范的规定。

3)钢筋笼加劲圈(箍)钢筋的大小是否能够满足施工要求,以防止制作好的钢筋笼变形。

4)桩顶超灌长度是否能够保证桩头混凝土的强度。

5)静载荷试验桩混凝土的强度等级能否满足载荷试验的要求。

6)孔底沉渣厚度的规定是否合适。

施工图会审后应形成施工图会审纪要,并经参加会审单位加盖公章确认。

3.3.6 桩位编号。宜按桩孔直径或有效桩长分类编号,一桩一号,不得重复。

3.3.7 桩位坐标计算与复核。依据已完成桩位编号的桩位平面图,计算各桩位的相对坐标,编制桩位坐标计算书,并经第三人复核确认。

3.3.8 建立坐标控制网。由测量员依据建筑定位点,建立统一的坐标测量控制网。测站应采取保护措施,防止破坏。

3.3.9 技术交底。在开工前,应采用书面形式对作业班组、作业工人进行技术交底。技术交底的主要内容应包括:

1)施工作业条件,包括地质情况、水文情况、设计要求、工艺要求等。

2)工艺操作流程。

3)施工中应注意的事项。

4)工艺质量标准。

5)施工安全技术与应急措施。

6)成品保护措施。

3.4 机械设备准备

3.4.1 成孔设备。泥浆护壁灌注桩的施工机械应根据地质情况、桩孔深度、桩径、施工条件等选择钻机类型,常用的有转盘式钻机、冲击式钻机。为了核对地质资料,检验设备、工艺及施工技术要求是否适宜,桩在开工前,应进行"试成孔"。

3.4.2 灌注机具。灌注导管提拉设备可采用钻机、吊车或灌注平台;灌注导管的直径、壁厚应能满足混凝土水下灌注的要求。

3.4.3 清孔设备。泥浆泵、砂石泵、空压机等,应经检修,运转正常。

3.4.4 钻机必须经过鉴定合格,并在有效期内,不得使用不合格机械。

3.4.5 进场的机械设备,必须经过检查验收,提前做好保养、试运转,保证机械性能满足施工需要。

3.5 场地及临设准备

3.5.1 开工前,应对场地进行平整,平整后场地的强度应能满足施工的需要;施工主要道路宜形成环路,单行道宽度为 4.0m,双行道宽度为 7.0m,并采用混凝土进行硬化,厚度不小于 200mm。

3.5.2 开工前,按施工平面布置图,开挖泥浆池和废浆池,布置泥浆循环管路。泥浆池的容积常为单个桩孔体积的 0.8~1.2 倍(小桩取高值,大桩取低值),但不少于 $12m^3$。泥浆池内宜设置沉淀池,并经常清理沉渣。泥浆池的做法可参考图 3.5.1。

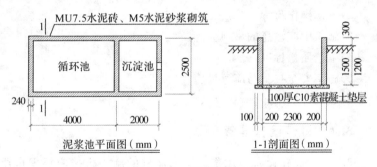

图 3.5.1 泥浆池做法

3.5.3 开工前,应按施工平面布置图,搭设钢筋笼制作棚,设置钢筋笼堆放区,制作区地面用混凝土进行硬化。

3.5.4　开工前,应按施工平面布置图,在工地出入口处设置车辆冲洗台、沉砂池等,防止车辆轮胎污染市政道路。

3.5.5　开工前,在施工现场,应设置混凝土试块养护室。试块养护室的技术要求应符合以下规定:

1)养护室的面积应根据工程桩的规模确定,但不少于12m²。

2)养护室内温度标准为20±2℃,相对湿度为95%以上。

3)室内应设置试块放置架,试块在放置架上彼此保持间距10~20mm。

4)喷出的水必须保持雾化状态,不能直接将水淋在试块上。

4 成 孔

4.1 工程钻机

4.1.1 钻机的分类

钻机可分为地质钻机、水文钻机与工程钻机,其中工程钻机又分为工程勘察钻机与工程施工钻机。常见的工程施工钻机分为冲击式钻机、回转式钻机、复合式钻机,冲击式钻机又包括钻杆式冲击钻机与钢丝绳冲击式钻机;回转式钻机包括转盘式钻机、液压动力头式钻机、潜孔振动回转式钻机;复合式钻机包括冲击回转组合钻机与振动回转组合钻机。

4.1.2 钻机型号分类方法

钻机型号分类常见有下列三类:

1)国产钻机型号由汉语拼音字母及数字组成,其中第一位是类别标志,第二位是第一特征代号,第三位是第二特征代号,后面的数字表示钻机主要参数与系列号,具体参考表 4.1.1 原地质矿产部《钻机型号类别标志》Z3~79。

表 4.1.1　钻机型号类别标志

钻机类别	类别代号	第一特征代号 （传动结构）	第二特征代号 （装载及其他）
岩心钻机	X(岩心)		
砂矿钻机	SZ(砂钻)		
水文钻机	S(水文)	Y(液压操纵机械传动) （全液压动力头） P(转盘)	C(车装) S(散装)
工程钻机	G(工程)		
坑道钻机	K(坑道)		
潜孔钻机	Q(潜钻)		
地热钻机	R(地热)		

例如:

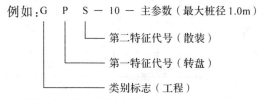

GPS—10—主参数（最大桩径1.0m）
　　　　第二特征代号（散装）
　　　　第一特征代号（转盘）
　　　　类别标志（工程）

2)国内冲击钻机常用的型号有 CZ 型及 CZF 型,CZ 代表冲击钻机,CZF 代表冲击反循环钻机,冲击钻机型号分类并未按上表 4.1.1。

3)旋挖钻机型号分类方法:厂家拼音前一个或两个字母＋旋转首字母(R)＋扭矩大小或孔深＋系列号。

例如:

SR 220C——C代表系列号
　　　　代表扭矩220kN·m
　　　　旋转首字母
　　　　三一重工的首字母

4.1.3　国内常用转盘式钻机系列性能参数

1)GPS 系列钻机性能参数,如表 4.1.2 所示。

表 4.1.2　GPS 系列钻机性能参数

性能参数	GPS-10	GPS-10B	GPS-15	GPS-18	GPS-20	GPS-22	GPS-25D
底座通孔直径(m)	1.0	1.0	1.5	1.8	2	2	2.5
钻孔深度(m)	50	50	50	100	100	100	130
转盘最大扭矩(kN·m)	6	6.5	18	26	30	80	120
转盘转速(r/min)			14/19/25	14/19/24	8/14/18	6.5/12/17	6/10/15
正反转(r/min)	44/77/139	50/88/158	34/45/61	33/44/60	26/32/56	20/30/56	22/28/49
主卷扬机单绳提升能力(kN)	30	30	30	30	30	30	50
副卷扬机单绳提升能力(kN)	20	30	20	30	30	30	40
钻塔额定负荷(kN)	180	180	180	180	180	240	500
钻机有效高度(m)	9	11.3	8	9	9	11	9.53
钻机功率(kW)	30	37	30	37	37	55	75
主机外形尺寸(m)	5×2.9×10.3	5.5×3.0×11.5	4.7×2.2×10	4.75×2.2×10	5.7×2.4×9.3	12.2×2.4×9.6	7.5×4×9.5
主机重量(t)	6.47	8.4	8	8.5	10	13	22

2)GW 系列钻机性能参数,如表 4.1.3 所示。

表 4.1.3 GW 系列钻机性能参数

性能参数	GW-18	GW-20	GW-25	GW-30	GW-35B	GW-40
钻孔直径(m)	∅1.8	∅2.0	∅2.5	∅3.0	∅3.5	∅4.0
成孔深度(m)	50	90/120 (气举)	90/130 (气举)	90/150 (气举)	90/150 (气举)	120 (泵吸)
转盘扭矩 (kN·m)	18	65	120	150	210	150
转盘转速 (r/min)	13/23/ 42/21/ 48/78	8/14/ 21/27/ 33/62	8~24 (无极 变速)	6/8/ 12/20/ 29/40	1~16 (无极 变速)	4~24 (无极 变速)
主卷扬升力 (kN)	180	300	560	800	1200	420
副卷扬升力 (kN)	36	36	70	80	30	70
钻杆规格 (mm)	∅168×10 ×3000	∅219×18 ×3000	∅245×22 ×3000	∅325×22 ×3000	∅325×22 ×4000	∅325×22 ×3000
排渣通径 (mm)	∅150	∅200	∅200	∅285	∅285	∅300
排渣方式	正循环 3PNL 反循环 6BS	正循环 3PNL 反循环 6BS/8BS	正循环 3PNL 反循环 8BS	正循环 4PNL 反循环 8BS	正循环 4PNL 反循环 8BS	正循环 3PNL 反循环 12BS
钻机主动力 (kW)	30	55	2×55	90+55	3×37+75	350HP 柴油机
排渣通径(m)	4.3×2.4 ×8.6	5.8×2.8 ×9.7	7.2×3.8 ×9.8	8.4×4.5 ×10.7	8.4×4.5 ×8.5	9.0×5.2 ×9.7
主机重量(t)	12	15	25	32	40	28

3)KP 系列全液压转盘钻机性能参数,如表 4.1.4 所示。

表 4.1.4 KP 系列钻机性能参数

性能参数	KP2000	KP2200	KP3000	KP3500
钻孔直径(m)	2.0	2.2	3.0	3.5(岩层)
钻孔深度(m)	80	80~100	100	120
最大扭矩(kN·m)		60	118	210
转盘转速(r/min)	10/30/43/63	8~34	7.8/12.7/26	0~24
主机功率(kW)	45	2×30	95	4×30
提升能力(kN)		600	540	1200
主动钻杆(mm)		273×273×4900		
标准钻杆(mm)		$\varnothing$245×20×4000		$\varnothing$325×25×3000
主机重量(t)	11	18	18	47
外形尺寸(m)		7.05×3.7×9.7		7.1×6.4×8.7

4.1.4 转盘钻机的安装与维养

1)安装钻机前,必须清楚施工现场与架空输电线路的安全距离是否符合规定。

2)钻机机架基础要坚实、整平,轮胎式钻机的钻架下应铺设枕木,轮胎离开地面,枕木长度不宜短于 4m,钻机垫起后要保持整机处于水平。

3)钻机安装与钻头组装要严格按说明书进行,并在机长或熟练工人统一指挥下进行,大雨、大雪及六级以上大风时不得立架。

4)钻架的吊垂中心、钻机的转盘中心和护筒中心应在同一垂直线上,钻杆中心偏差不得大于 20mm。

5)开工前应按照使用说明书对钻机油路、电路、润滑部位及紧固件进行检查,施工过程中必须按规定定期进行保养。施工结束后,必须对钻机进行全面检查、维修与保养。

4.1.5 国内常用冲击式钻机系列性能参数。

1)CZ系列中手拉式冲击钻机性能参数,如表4.1.5所示。

表4.1.5 CZ系列手拉式冲击钻机主要性能参数

性能系数	CZ-22A	CZ-22B	CZ-30
最大钻孔直径(m)	0.8	1.0	1.0
最大钻孔深度(m)	300	300	500
钻具最大重量(t)	1.6	1.6	2.5
电动机功率(kW)	30	37	45
整机重量(t)	7.5	7.8	13.8
工作时外形尺寸(m)	5.8×2.33×12.7	5.8×2.33×12.7	8.45×2.66×16.3
主卷扬提升力(kN)	30	20	20

2)CZ系列中自动式冲击钻机性能参数,如表4.1.6所示。

表4.1.6 CZ系列自动式冲击钻机主要性能参数

性能参数	CZ-5	CZ-6	CZ-8
钻孔直径(m)	0.4~1.2	0.4~1.2	0.4~2.5
钻孔深度(m)	80~350	80~300	80~300
主卷扬提升力(kN)	80	80	80
冲击轴直径(mm)	140	150	150
冲击轮直径(mm)	920	1248	1248
主轴直径(mm)	90	110	110
摩擦片直径(mm)	280	320	350
冲击次数(min)	36~45	36~45	36~45

续表

性能参数	CZ-5	CZ-6	CZ-8
配用动力(kW)	40	55	75
钻机重量(t)	8.5	9.5	11
桅杆高度(m)	8	8	8
钻具重量(t)	3.0	4.5	5.5

3)CZF 系列中冲击反循环钻机性能参数,如表 4.1.7 所示。

表 4.1.7 CZF 系列中冲击反循环钻机的主要性能参数

性能参数	CZF-12	CZF-15	CZF-20	CZF-25
钻孔直径(m)	0.6~1.2	0.6~1.5	0.7~2.0	1.2~2.5
钻孔深度(m)	60	80	80	80
钻头重量(t)	2.3	2.5	6	8
冲击行程(mm)	1000	1000	300~1300	300~1300
冲击频率(n/min)	40	40	0~30	0~30
主卷扬提升力(kN)	40	40	100	100
副卷扬提升力(kN)	30	30	35	35
钻塔高度(m)	8	8	7.5	7.5
主电动机功率(kW)	30	45	55	75
传动方式	机械	机械	液压	液压
整机重量(t)	9.5	12.5	14	19
外形尺寸(m)	6.02×2.22×2.9	6.02×2.22×2.9	6.5×2.2×3.3	7.6×2.8×3.3

4.1.6 冲击钻机的安装与维养

1)钻机进场后,使用枕木将钻机垫高使得轮胎离地,并且调整机架呈水平。

2)接通电源后,启动电机提升桅杆,将桅杆底部螺杆旋出,并支撑在支座上,再将拉杆、架脚、绷绳安装好,并用螺旋调整拉杆与绷绳的紧张程度。

3)钻具卷筒钢丝绳自卷筒引出经冲击梁的导向滑轮和张力滑轮再进入桅杆顶部的钻具滑筒而下垂,其端头与泥浆轴筒连接。

4)在钻机处于工作状态时,每 6 小时加注机油一次。

5)摩擦片磨损后,要定期调整螺母上的固定销,使销子移进新的位置凸轮便于接近压力盘,防止注入润滑油过多影响摩擦片工作。

6)定期将制动闸带拉紧,调整间隙应保证松闸后窄带不与制动有接触,平均间隙不大于 1.5mm。

7)齿轮和链条传动部位要经常检查并清洗加油,并保持中心距离正确,链条松紧度合适。

8)经常检查滚动轴承的密封性与温度,若油封损坏时应及时更换,若轴承发热应即时检查并调整轴承装置位置。

4.1.7 国内常用旋挖钻机系列性能参数(以徐工旋挖钻机为型号代表),如表 4.1.8 所示。

表 4.1.8 徐工旋挖钻机系列型号代表性能参数

性能参数		XR180D	XR220D	XR260D	XR280D	XR360
发动机	型 号	QSB6.7-C260	CUMMins QSL-325	CUMMins QSL-325	CUMMins QSM11-C400	CUMMins QSM11-C400
	额定功率(kW)	194	242	242	298	298
动力头	最大扭矩(kN·m)	180	220	260	280	760
	转速(r/min)	7~27	7~22	7~22	7~22	7~20
最大钻孔直径(mm)		∅1800	∅2000	∅2200	∅2500	∅2500
最大钻孔深度(m)		60/46	67/80	80	88	92/102

续表

性能参数		XR180D	XR220D	XR260D	XR280D	XR360
加压油缸	最大压力(kN)	160	200	200	210	240
	最大升力(kN)	180	200	200	220	250
	最大行程(m)	5	5	5	6	6
卷扬加压	最大加压力(kN)	180	200			
	最大升力(kN)	180	210			
	最大行程(m)	15	15			
主卷扬	最大升力(kN)	180	230	260	260	320
	最大速度(m/min)	65	70	70	60	72
副卷扬	最大升力(kN)	50	80	80	100	100
	最大速度(m/min)	70	60	60	65	65
钻桅倾度倾向/前倾/后倾		$\pm 3°/5°/15°$	$\pm 4°/5°/15°$	$\pm 4°/5°/15°$	$\pm 4°/5°/15°$	$\pm 4°/5°/15°$
底盘	最大行速(km/h)	1.5	1.5	1.5	1.5	1.5
	最大爬坡度(%)	35	35	35	35	35
	最小离地间隙(mm)	350	468	449	445	445
	履带板宽度(mm)	700	800	800	800	800
	履带外带(mm)	2980~4300	3500~4400	3250~4400	3500~4800	3500~4800
液压系统工作压力(MPa)		35	35	35	32	33
整机重量(t)		58	70	79	88	92
外形尺寸	工作状况(m)	8.35×4.3 ×20.48	10.26×4.4 ×22.12	10.46×4.4 ×22.22	10.77×4.8 ×23.15	11.0×4.8 ×24.59
	运输状况(m)	14.25×3 ×3.45	16.35×3.5 ×3.51	16.52×3.25 ×3.57	17.38×3.5 ×3.52	17.38×3.5 ×3.81

4.1.8 温州地区常用的工程钻机：

1）常用转盘钻机型号主要有 GPS-10、GPS-10B、GPS-15、GPS-20。

2）常用冲击钻机型号主要有 CZ-22、CZ-30、CZ-5、CZ-6、CZ-8、JZC、2JKL8。

3）常用旋挖钻机型号（根据扭矩大小来分）主要有 R-220、R-260、R-280 及 R-360。

4.1.9 钻机的选择要点：

1）选择钻机类型应根据施工场址的地层情况，结合钻机技术性能，例如，孔深超过 50m，孔径超过 1.0m，钻进地层为砂砾石层，不宜选择 GPS-10 型钻机，而宜选择 GPS-15 或 GPS-20 型钻机。

2）对卵砾石层及硬塑性黏土层宜优先选择自动冲击钻机，而对于漂石或坚硬基岩地层宜优先选择手拉式冲击钻机。

3）旋挖钻机不适合单独钻进淤泥地层及不稳定砂卵石层，除非采用稳定孔壁措施后方可使用。

4.2 钻 头

4.2.1 钻头的形式与结构要与钻机性能及地层条件相适应，钻头的选择与钻机的钻进效率及钻机故障率有直接关联。

4.2.2 钻头形式选择与结构的调整可以通过试成孔来实现，对于地层复杂，尤其土层软硬差别较大时，可以选择不同形式钻头进行组合钻进，发挥不同形式钻头在不同地层中钻进效率的优势。

4.2.3 转盘钻机常用钻头：

1）转盘钻机的钻头常用形式分为刮刀钻头、牙轮钻头、滚刀钻刀、筒式合金钻头，如图 4.2.1 至图 4.2.4 所示，具体钻头与地层的适应性如表 4.2.1 所示。

图 4.2.1　刮刀钻头　　　　图 4.2.2　牙轮钻头

图 4.2.3　滚刀钻头　　　　图 4.2.4　筒式合金钻头

表 4.2.1　地层与钻头适应性参考

地　层	刮刀钻头	牙轮钻头	滚刀钻头	筒式合头钻头
填土	√	×	×	○
淤泥	√	×	×	×
黏土	√	×	×	×
粉土	√	○	×	×
砂层	√	○	×	○
卵砾石层	○	○	○	○

地 层	刮刀钻头	牙轮钻头	滚刀钻头	筒式合头钻头
全风化基岩	√	○	○	×
强风化基岩	×	√	√	○
中风化基岩	×	√	√	×

注:√:合适;○:一般;×:不合适。

2)刮刀钻头根据其结构不同又可分为如下形式(见图4.2.5),其功能与特点如表4.2.2所示。

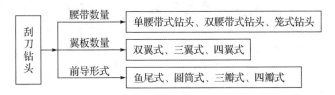

图4.2.5 常用刮刀钻头

4.2.4 冲击钻机的钻头:

1)冲击钻机的钻头形式分为实心钻头与空心钻头,其中实心钻头按钻头底部形状可分为一字形、十字形、工字形、圆形和抽筒钻头。温州地区一般多用十字钻头和空心钻头,实心钻头常用于高硬度基岩和残留体钻进,空心钻头常用于硬黏土、砂层、卵砾石层及硬度不高的基岩。

2)一字形冲击钻头与孔底接触面积最小,同样重量的钻头可以得到较大的接触应力,适用于大卵石、漂石、坚硬的黏土层和完整软岩层中冲击钻进,但容易出现孔斜和冲出梅花孔。

3)工字形冲击钻头与圆形冲击钻头适用于裂隙不大的中硬地层。

4)目前使用较为普遍的十字形带副刃的冲击钻头(见图4.2.6),适用于砂卵石、砂砾石及裂隙发育的中硬地层,其主要技术参数可参照表4.2.3选定。

表 4.2.2　不同形式刮刀钻头性能与特点

	不同腰带数量			不同翼板数量			不同前导形式			
	单腰带式	双腰带式	笼式	双翼式	三翼式	四翼式	鱼尾式	圆筒式	三瓣式	四瓣式
	地层简单软硬一般在50m以内,淤泥、黏土砂土层	地层变化较大且软硬一硬一的砂层,卵砾石层,干20m,目前不常用土层	对孔直径及孔深有特殊要求,孔深大于50m的钻孔,基岩面起伏或故孔事处理	用于地层简单干孔,孔深小于20m,适合大部分地层	常用干小孔径干1000mm钻孔,孔深小于50m的钻孔	常用干大孔径干1000mm钻孔,钻机扭矩足够,适合于部分大地层	地层比较简单干孔与黏土、淤泥土地层,孔深大于50m钻孔,不宜用于砂、卵砾石地层,容易偏孔	适合于地层较密实的砂层和卵砾石层,干50m钻孔,可减少钻机抖动与扭矩	通常应用于小孔径干1000mm钻孔,不宜用于密实的卵砾石层	通常应用于小孔径干1000mm钻孔,不宜用于密实的卵砾石层

表 4.2.3　带副刃的十字形冲击钻头的技术参数

土层类别	H	h	d	α	β	r	φ	L	B	A
黏土砂	1.5d~2.5d	20~30cm	$\frac{1}{5}d$~$\frac{1}{4}d$	70°	40°	12°	160°	$\frac{1}{10}$~$\frac{1}{12}d$	$\frac{1}{8}d$	$\frac{2}{3}d'$
堆积层砂卵石				80°	50°	15°	170°			
坚硬漂石卵石				90°	60°	15°	170°			
基岩				90°	60°	15°	180°			

注:d 为钻头直径,d' 为锥顶直径。

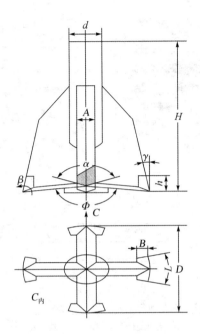

图 4.2.6 带副刃的十字形冲击钻头

4.2.5 旋挖钻机的钻头

1)常见旋挖钻机的钻头有螺旋钻头、旋挖钻头、筒式取芯钻头、扩底钻头,其中螺旋钻头锥形螺旋钻头(双头双螺锥形钻头与双头单螺锥形钻头)与直螺旋钻头(斗齿直螺旋钻头与截齿直螺旋钻头);旋挖钻斗可分为截齿钻头与斗齿钻斗,按底板数量可分为双层底斗和单层底斗;筒式取芯钻头又可分为截齿筒钻和牙轮筒钻,如图 4.2.7 和图 4.2.8 所示。

图 4.2.7　斗齿筒式钻头

图 4.2.8　截齿筒式钻头

2)不同形式钻头对地层的适应性也不同,如表 4.2.4 所示。

表 4.2.4　不同旋挖钻机钻头对地层适应性

螺旋钻头	双头双螺锥形钻头	适用于坚硬的基岩、密实的卵砾石层
	双头单螺锥形钻头	适用于全风化强风化基岩、不密实卵砾石层和密实砂层
	斗齿直螺钻头	适用于砂土、胶结差的粒径小的砾石层和软岩
	截齿直螺钻头	适用于硬基岩或密实卵砾石层
旋挖钻斗	斗齿钻头	适用于淤泥、黏土、粉土、砂土及松散的砾石层
	截齿钻头	适用卵砾石层及中等硬度以下基岩
筒式取芯钻头	截齿筒钻	适用于中等硬度基岩和卵砾石层
	牙轮筒钻	适用于坚硬基岩和大漂石
扩底钻头		适用于土层、强风化、中风化基岩

4.3　泥　浆

4.3.1　泥浆的成分:

1)泥浆是黏土颗粒(大多小于 $2\mu m$ 以上)分散在水中所形成的溶胶—悬浮体,大多数在悬浮体的范围内($0.1\mu m$ 以上),少数在溶胶范围内(1~100μm)。因为配制泥浆时所用的水质和黏土不同,泥浆性能也存在差别,为了使泥浆具有钻进成孔工艺所要求的性能,还需加入一些处理剂。

2)黏土是由颗粒极小黏土矿物组成,还包括石英、长石、云母等非黏土矿物和有机质及钙、镁、钠、钾的碳酸盐、硫酸盐等可溶性盐,其中黏土矿物常见的有四类:高岭石族、蒙脱石族、伊利石族、海泡石族。其中以高岭石与伊利石为主也最为常见,其水化性能差,造浆性能不好,只用于钻进一般地层,而蒙脱石为主的膨润土,水化性能强,吸附性好,是优质低固相造浆的黏土材料。

3)在野外施工中可用下列方法来鉴别黏土质量,尤其是膨润土的基本特征:

(1)具有较强的抗剪性,破碎时形成坚固的尖锐边棱,即使是小块也不易用手捏开。

(2)用小刀切开时,其切面光滑,颜色比破碎面深,有油脂光泽。

(3)用水浸湿后,用手指捏搓时有粘性或滑腻感,加水拌合可搓成细而长的泥条而不断。

(4)干燥时易破裂,在水中易膨胀。

4)为了使泥浆性能适应地层状态和施工条件,通常在配制泥浆时,要按泥浆的性能设计在泥浆中加入相应的泥浆处理剂,根据其作用不同可分为:分散(降粘)剂、增粘(降失水)剂、加重剂、防漏剂等,常用泥浆处理剂如图 4.3.1 所示。

4.3.2　泥浆的作用:

1)护壁作用。

2)携渣作用。

3)堵漏作用。

4)冷却钻头作用。

4.3.3　泥浆性能指标及其测定:

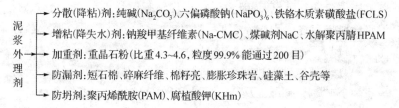

图 4.3.1 常用泥浆处理剂

1)比重,即相同体积的泥浆与水的重量之比。常采用 1002 型泥浆比重称测定。测量步骤如下:

(1)先校正泥浆比重称:将泥浆杯中注满清水,盖好杯盖,将称杆稳定放在主刀垫上,移动游码使其指在称杆比重刻度 1 处,看水泡是否居中,若不居中,则增减平衡园柱中的铅粒,直至水泡居中为止。

(2)仪器校正后,将泥浆杯中清水倒掉擦干,再将被测泥浆倒满杯中,加盖擦净杯壁,置于主刀垫上,移动游码,使水泡居中,即可读出游码上指示的刻度值,此值即为被测泥浆比重。

2)黏度,是指泥浆流动时,具有不同流速的各层间的内部摩擦力的表现。野外常用标准漏斗黏度计测量泥浆相对于水的黏度值,以秒为单位。测量步骤如下:

(1)先将滤网放在漏斗中,用左手指将漏斗下端管口捂住。

(2)用量筒量 700ml 泥浆倒入漏斗里。

(3)再将量杯 500ml 的一端置于漏斗管下方,用右手拿着秒表,测量接完 500ml 泥浆流放时间,此时间即为该泥浆相对水的黏度。

3)含砂率,是指泥浆中不能通过 200 目筛网砂子(亦即直径大于 $74\mu m$)所占泥浆体积的百分比。施工现场常用 ZNH 型泥浆含砂率测量仪测定含砂率。测量步骤如下:

(1)在量筒中装入 $20\sim40mL$ 泥浆,再加入适量清水,用力摇晃使泥浆稀释。

(2)将稀释后的泥浆倒入筛筒中,然后用清水冲洗量筒,并将剩余的砂子连同清水一起倒入筛筒中。

(3)用清水冲洗筛筒中的砂粒,直至通过筛网中的水清澈透明为止。

(4)将漏斗套在筛筒上,慢慢地翻转过来,并将漏斗嘴插入量筒口内,然后用清水冲洗,使砂子全部进入量筒中,待砂子沉底后,读出量筒中砂子体积的毫升数,其与泥浆体积之比即为含砂率。

4)失水量,当孔内泥浆液柱压力大于地层压力时,泥浆中的自由水会透过地层的裂隙或渗入地层中去,即为泥浆失水,在一定条件下,失水的多少称为失水量。常用 1009 型失水量测定仪测量。测量步骤如下:

(1)将滤纸润湿后附在滤板上,装入过滤器底部,把滤底盘装入泥浆杯中并拧紧底部丝杠放在支架上。

(2)往泥浆杯里灌注泥浆,使泥浆液面距杯口 3~4mm,上紧油盘,在油盘套筒中注满机油,然后放上加压筒,打开油盘顶丝,调整加压筒使刻度指示为零时再把顶丝拧紧。

(3)松开泥浆杯底丝杠一圈,此时加压筒可能继续往下走,所指读数计算时应扣除,看表计时,7.5min 及 30min 后读出刻度所指读数值即为相应时间的泥浆失水量,量测 30min 后即拆开泥浆杯,取出滤板,用水轻轻冲洗泥饼上的浮泥,便可量出泥皮厚度。

5)胶体率,泥浆静止 24h 后下层泥浆体积所占总体积的百分比。测量步骤如下:取 100mL 泥浆,注入 100mL 的量筒中,用玻璃片盖好后静置 24h,再读出下层泥浆界面的刻度数,此读数即为泥浆的胶体率。胶体率越大,说明黏土在水中分散性越好,水化程度高,即泥浆性能越稳定,一般要求泥浆胶体率不低于 96%。

4.3.4 泥浆性能指标的选择,如表 4.3.1 至表 4.3.3 所示。

表 4.3.1　常用泥浆性能

性能 地层	比重	黏度 (S)	含砂率 (%)	静切力 (mg/cm²)	失水量 (mL/30min)	胶体率 (%)	pH 值
一般地层	1.0～1.20	18～22	<4～8	1min 10～25	<30	≥90～95	7～9
易坍地层	1.30～1.60	22～30	<4～8	1min 50～70	<20	≥90～95	7～9

表 4.3.2　钻孔施工中的泥浆性能

性能 岩土层	黏度 (S)	比重	含砂率 (%)	失水量 (mL/30min)	胶体率 (%)
非含水层(黏性土类)	15～16	1.03～1.08	<4	<3	<90～95
粉、细、中砂层	16～17	1.08～1.1	4～8	<20	
粗砂、砾石层	17～18	1.1～1.2	4～8	<15	
卵石、漂石层	18～28	1.15～1.2	<4	>15	
承压水流含水层	>25	1.3～1.7	<4	<15	
遇水膨胀岩层	20～22	1.1～1.15	<4	<10	
坍塌、掉块岩层	22～28	1.15～1.3	<4	<15	
一般性基岩县	18～20	1.1～1.15	<4	<23	
裂隙溶洞基岩层	22～28	1.15～1.2	<4	<15	

表4.3.3 添加处理剂的泥浆性能

泥浆类型		处理剂类型与加量(ppm)				黏度 (S)	密度 (g/m³)	失水量 (mL/ 30min)
		CMC	PHP	KHm	KCl			
防漏 泥浆	1	500~1000				21	<1.05	<12
	2		100					
防坍 泥浆	1		500~1000	200			<7	
	2				200~300			
堵塞泥浆	每1m³黏度为50S的泥浆中加入50kg水泥、15kg水玻璃和适量锯末,黏度大,凝固性快,有一定团结强度							

4.3.5 造浆

1)自然造浆。一般情况下,在桩孔钻进中可利用地层中的黏土有效造浆成分,在钻头搅拌作用下,形成泥浆,也可以利用其他场地自然造好的泥浆,或者添加某些处理剂,以满足基本使用要求。

2)人工造浆。若有些地层缺少自然造浆的黏土成分,或者遇到特殊地层,必须通过人工造浆才能满足地层钻进要求,如表4.3.4和表4.3.5所示。

表4.3.4 中国部分地区造浆黏土性能

性能指标 黏土产地	标准 造浆率 (m³/T)	造浆性能					pH
		塑性黏 度(Pa· S×10⁻³)	漏斗 黏度 (S)	密度 (g/cm³)	动切力 (Pa)	失水量 (mL/ 30min)	
山东高阳	13.5	9	31	1.042	6	19	8.5
新 疆	9.7	10	32.2	1.06	5	24.7	8.83
托克逊	7.7	10	32	1.08	5	12.7	8.84

续表

性能指标 黏土产地		标准 造浆率 （m³/T）	造浆性能					pH
			塑性黏 度(Pa· S×10⁻³)	漏斗 黏度 (S)	密度 （g/cm³）	动切力 (Pa)	失水量 （mL/ 30min）	
吉林 九台	N—顶1	9.3	14	30.6	1.07	1	17	8.98
	N—银2	9.2	14	29.6	1.08	1	11.5	10
	N—顶2	7.5	12	31.1	1.08	3	19	9.4
	N—银1	5.7	14	31.3	1.114	1	12.5	9.74
	九台	5.6	13	30.2	1.105	2	13.5	8.02
河 南	信阳	8.4	11	32	1.08	4	14	8.6
	光山	6.6	13	31.5	1.085	2	14	8.06
辽宁黑山		7.3	12	30.2	1.085	3	9.5	8.23
		6.5	13	30.3	1.093	2	12.5	8.59
浙江余杭		7.1	10	32.1	1.095	5	12.5	9.20
		6.0	9	30.0	1.10	6	15	9.71
安 徽	铜陵	6.7	9	35.7	1.09	6	13.5	7.80
	肖县	6.2	10	28.8	1.096	5	15.5	8.81
甘 肃	永昌	17.4	7	31.0	1.036	8	13.0	8.5~9.0
		8.5	6	30.1	1.09	11	17.5	9.48
	火烧沟	2.3	9	20.8	1.285	6	12.5	10

表 4.3.5　每 1m³ 泥浆所需黏土和水的数量(黏土比重为 2.10~2.60)

泥浆比重	黏土(kg)						水(L)					
	2.10	2.20	2.30	2.40	2.50	2.60	2.10	2.20	2.30	2.40	2.50	2.60
1.04	76	73	71	69	67	65	964	967	969	971	973	975
1.06	115	110	106	103	100	98	945	950	954	957	960	962
1.08	153	147	142	137	133	130	927	933	938	943	947	950
1.10	191	183	177	171	167	163	909	917	923	929	933	937
1.12	229	220	212	206	200	195	891	900	908	914	920	925
1.14	267	257	248	240	238	228	873	883	892	900	907	912
1.16	305	293	233	274	266	260	855	867	877	886	894	900
1.18	344	330	318	308	299	298	836	850	862	872	881	887
1.20	382	367	354	313	333	325	818	833	846	857	867	875
1.22	420	403	389	377	367	358	800	817	831	843	853	862
1.24	458	440	425	411	400	390	782	800	815	829	840	850
1.26	496	477	460	446	433	423	764	783	800	814	827	837
1.28	535	513	495	480	467	455	745	767	785	800	813	825
1.30	573	550	531	514	500	488	727	750	769	786	800	812

3)人工造浆注意事项:

(1)用一般天然黏土配制泥浆时,由于黏土在水中不能立刻分散,需要一段时间进行溶胀。因此,配浆前应事先将黏土浸于水中进行预水化处理,其水化时间根据黏土的质量而定,一般经验做法是至少浸泡 8h,对于土质很差的钙基土,还应在水中加入适量纯碱。

(2)用浸泡好的黏土按配合比设计中的土量加水搅拌。由于搅拌时间不可能很长,黏土颗粒还不能达到充分水化分散,在实际生产中都要将所搅拌出来的新泥浆集中存放在储浆池里进行 24

小时以上的陈化处理,只有陈化好的泥浆才能较好地发挥泥浆性能。

(3)天然黏土或商品黏土在露天存放过程中,随着存放时间的长短,气候条件的变化,黏土的比重、含水量也会不断变化,因此同一批黏土在配浆前应做小样试验,不能一律套用计算方法确定加土量与加水量。

(4)当有些泥浆中需要添加高分子处理剂来调整泥浆性能时(如 CMC、PHP 等),由于这类材料很难溶于水(特别是在分子量大、水温低的条件下),因此,使用时要先将这类高分子处理剂配成低浓度(一般 1‰～3‰)的溶液后再加到泥浆中。若直接加入泥浆中,不但这类物质溶解很慢,而且还很容易形成不溶的泥团状物体,起不到调节泥浆性能的作用。

(5)配制符合作业要求的泥浆,必须经过初选—试用—改性—应用—性能调节等一系列过程,不可盲目照搬经验。

4.3.6　泥浆性能调整

1)基本原则:

(1)按地层、岩性、钻孔结构和所用泥浆类型的具体情况,在基本掌握泥浆处理剂的性质、使用方式的基础上,选择效果好、加量少、成本低、货源广、配制与使用方便的处理剂。

(2)在沿用配制经验时,必须事先做好试验工作,切不可生搬硬套某一成功经验或书本上的数据。

(3)在施工过程中,调节泥浆性能要逐步进行并坚持现场定期测试,添加处理剂时不能求之过急,防止因为需要调整泥浆的某些性能使其他性能变坏而造成不良后果。

2)性能调整方法:

(1)钻进黏土层或泥质岩层时,泥浆黏度和切力往往升高,影响钻渣在沉淀池中沉淀效果,增加钻具回转阻力,需要降低泥浆黏度与切力,处理方法如下:

①对于钻进泥浆失水量没有严格要求的非膨胀性地层,通常可采取逐渐直接地往泥浆中加入清水来实现。

②采用较孔内泥浆黏度、切力小的低固相泥浆(黏土含量不超过 4%)进行稀释。

③往泥浆中加入稀释剂,如煤碱剂 NaC、铁铬木质素磺酸盐 FCLS 等。

④采用钙处理法,如加入石灰—单宁碱剂控制黏土颗粒的分散。

⑤若泥浆中由于可溶性盐侵入而造成泥浆黏度、切力增大,要根据阳离子浓度不同而采取相应的措施。

(2)当钻孔遇到松散、破碎、坍、掉、漏情况时,需按下列办法提高泥浆黏度和切力:

①加大泥浆中黏含量和碱量。

②加入增黏剂,如钠羧甲基纤维素、水解聚丙烯腈、分子量大的水解度高的聚丙烯酰胺等。

③加入结构剂,如石灰乳、水泥浆、石膏、食盐等。

(3)钻进易坍塌地层、高压含水层,需按下列办法提高泥浆的比重,以增大泥浆柱压力,具体方法如下:

①增加泥浆中黏土含量,并适量加入重量比为 0.3%～0.5% 纯碱,0.3%的纤维素。

②加入重晶石粉提高泥浆比重。其步骤为:先用稳定剂(如纤维素)处理原浆,使其切力保持在 2.5～5.0Pa,失水量保护在 10ml/30min,再将重晶石粉用水润湿,最后将湿润的重晶石粉加入泥浆中进行搅拌,使之均匀分散于泥浆中。

(4)降低泥浆比重的方法:

①选用优质膨润土配制的泥浆,以减少加土量。

②用水解度为 30%左右的聚丙烯酰胺进行选择性絮凝,可清除泥浆中的劣质土及岩粉,同时加强地表除砂措施。

③在泥浆中加入脂肪醇酸钠、尼纳尔等发泡剂,配成泡沫泥浆。

④在降低泥浆比重的同时不影响粘度和失水量等性能的改变,也可在泥浆中加某些低浓度处理剂,如煤碱剂、钠羧钾基纤维素等。

(5)泥浆中加碱处理,使钙黏土改性,一般加碱量为泥浆体积0.3%～0.5%,具体数值应以试验数据为依据,如果碱量过大会增大泥浆失水量。

(6)在钻进遇水膨胀的泥、土层时常常出现缩径或黏土水化膨胀而坍塌,因而要按下列办法降低泥浆失水量:

①增加黏土含量,同时加碱处理,以提高黏土在水中的分散和水化程度来降低泥浆失水。

②在泥浆中加入降失水剂,如纤维素、煤碱剂、铁铬盐、聚丙烯腈等。

(7)泥浆稳定性差、胶体率降低时,应在泥浆中加入适量纯碱或纤维素。

4.3.7　泥浆净化。净化泥浆不但可以使泥浆性能保持稳定,而且还可以节省造浆费用,减少废浆排放量,同时还可以减少对水泵磨损。净化方法主要有沉淀法、机械法、化学法三种。

1)沉淀法。在地表循环系统循环过程中钻渣靠其自重克服泥浆的切力从泥浆中分离出来,沉淀于循环系统而实现泥浆净化,这种净化效果取决于循环系统的长度、总容积、泥浆槽的规格、坡度及布置形式。若施工场地不允许挖泥浆池时,可用钢板制作成泥浆箱(容积宜为 $20m^3$ 或更大)数只作沉淀池。

2)机械法。一般大于 $170\mu m$ 的大颗粒钻渣用振动筛清除,$20～50\mu m$ 中细颗粒用除砂器和除泥器清除。

(1)低频振动筛。低频振动筛上安有使其振动的偏心轮装置,泥浆通过筛网流入循环槽,钻渣则截留在筛网上,振动筛的架子的坡度 $15°$,振动频率 $250H_2$,适用于钻进泥浆净化的振动筛的性能可参考表 4.3.6。

表 4.3.6　振动筛性能

项目	型号	层次	入料粒径(mm)	筛孔尺寸(mm)	振幅(mm)	振频(Hz)	倾角(°)	生产能力(t/h)	功率(kW)	机量(t)
自定中心	SZZ1500×3000	1	100	8.10.12.15	8	13.3	20~25	40~200	10	1.98
	1800×3600	1	100	6.8.10.13.20.25	6	8.3	25±2	250	17	4.48
	1500×4000	1	<100	8.10.12.15.25	8	13.3	15~25	50~250	13	2.5
双轴惯性振动	WP-1	1	<300		9	13.3	0~10		10	5.0
重型	1750×3500	1	<350	25.50.100	8~10	15.5~14.3	20~25	500~800	10	3.5

（2）旋流除砂器。水力旋流除砂器可以比振动筛清除更细的钻渣,利用自进浆管径喷嘴的高速泥浆以切线方向进入除砂器圆筒内,产生旋转运动所造成的离心力,使泥浆中的钻渣沿圆锥体内壁沉降下来而清除,具体性能、参数见表 4.3.7 和表 4.3.8。

表 4.3.7　水力旋流除砂器尺寸与分离颗粒径关系

旋流器上部圆筒直径(m)	2	3	4	5	6
分离固相颗粒的大约尺寸(μm)	4~20	7~30	10~40	12~50	15~70

表 4.3.8　水力旋流除砂器尺寸与泥浆处理能力关系

旋流器上部圆筒直径(m)	2	5	5	6
数量(个)	2	2	2	2
能力(l/min)	247	378	472	828

3)化学除砂法。在泥浆中加入适量的选择性絮凝剂,将泥浆

中的劣质黏土和岩屑(粒径 20～50μm)絮凝成大的颗粒,在重力作用下使之沉淀,再用机械方法清除。采用水解聚丙烯酰胺作为絮凝剂时,其加量一般控制在 100～200mg/L,在使用前应做小样试验,如发现全絮凝,说明产品水解度过低;若不产生絮凝只增大泥浆粘度,则说明产品水解度过大或加量加大。通常选择水解度为 30%中等分子量产品。

(1)高温水解法。将所需的聚丙烯酰胺、水、火碱按一定比例置于水解设备中混溶,然后边加温边搅拌,待温度升至 90～100℃ 持续 3～4h 即可。

(2)常温水解。按 PAM(含量 7%)：工业火碱：水＝10：1：60(重量比)的比例混溶,放置 2～3 天即可得到水解度 30%、浓度 1%的 PHP 溶液。

4.3.8 废浆处理

全部弃除法:即用罐车直接将废浆运到指定场地排放或集中处理。

固液分离法:使泥浆中固相部分脱水,干燥后运走或就地填埋,液相部分达到排放标准后再排放到环境中。

4.4 水 泵

4.4.1 钻孔桩施工中常用的水泵主要包括清水泵、泥浆泵及砂石泵,清水泵主要用来抽取清水冲洗钻机钻具、施工场地以及造浆;泥浆泵用作泥浆正循环;砂石泵用作泥浆反循环。不同类型的泵不能混用,应根据不同钻机型号及施工要求配置相应型号的泵组。

4.4.2 泵的常用性能指标:

1)排量。泵的排量是指单位时间内输送出去的液体量,一般用 Q 表示,常用单位为 l/min 或 m³/h。

2)扬程。扬程是指水泵能够扬水的高度,通常用 H 表示,单位为 m。

3)吸程。吸程是指泵的最大自吸高度,即从液面至泵出水口的高度,通常用 Δh 表示,单位为 m。

4)泵压。是指泵出口液体压力,其压力大小取决于钻孔深度与泥浆介质阻力,一般用静水柱高度 m 来表示。

4.4.3 常用泵的性能指标,如表 4.4.1 所示。

表 4.4.1 常用泵的性能指标

性能 泵型		流量		扬程 （m）	转数 （r/ min）	电机 力率 （kW）	吸程 （m）	叶轮 直径 （mm）	泵重 （kg）
		（m³/h）	（L/s）						
离心式	2PN 泥浆泵	30/47 /58	8.3/13 /16	22/19 /17	1450	11		265	150/250
	3PN 泥浆泵	54/108 /157	15/30 /42	26/21 /15	1470	22		300	450/280
	4PN 泥浆泵	100/150 /200	27.8/41.7 /55.6	41/39 /37	1470	55		340	1000
	6PN 泥浆泵	230/280 /320	64/781 /90	27/26 /25	980	75	5.5/5.3 /4.2	420	1200
	8PN 泥浆泵	450/550 /600	125/153 /163	65/63 /62	980	215	3.5	635	4000
	4BS 砂石泵	90		37	980	55			
	6BS 砂石泵	320/380/ 440/500		29/28.5/ 27/26	980	115			1460
	8BS 砂石泵	500/650 /790		39/37 /32	980	215			2100
	4HP 灰渣泵	100		41		40			
	6HP 灰渣泵	330/440 /480		48/47 /45	1470	115	5.5/5.3 /4.2	375	1200
	8HP 灰渣泵	450/550 /600		65/63 /62	980	185	3.5	635	4000
	4BA-6 清水泵	90		91		55			
	4BA-8 清水泵	90		43		22			

续表

性能 泵型	流量		扬程 (m)	转数 (r/min)	电机力率 (kW)	吸程 (m)	叶轮直径 (mm)	泵重 (kg)
	(m³/h)	(L/s)						
往复式 BWT450/12	27		泵压1.2MPa					
BW250/50	15		泵压5MPa					
ZDN-250/50	25		泵压8MPa		17			
BWT-800/20	48		泵压2MPa					
BW-600/30			泵压3MPa					

注:泵型号前面数字表示排出口直径英寸值。

4.4.4 泵常见故障原因分析,如表 4.4.2 所示。

表 4.4.2 泵常见故障原因分析

常见故障	原因分析
无法启动	①电源问题:开头接触是否紧密;保险丝是否熔断;三相电是否缺相 ②泵自身机械故障:叶轮与泵体间被杂物卡堵;泵轴承与泵轴出现故障
水泵发热	①轴承与泵轴原因:轴承损坏或轴承与托架盖间隙过小;泵轴弯曲或不同心 ②油的原因:缺油或油质不好
剧烈震动	①电动转子不平衡或转动部分零件松动、破裂 ②联轴器结合不良或管路支架不牢固 ③轴承磨损弯曲变形

常见故障	原因分析
电机过热	①电源原因:电压偏高或偏低;三相电压不对称;缺相运行 ②水泵原因:选用动力不配套;启动过于频繁 ③电机自身原因:接法错误(将△形接 Y 形);电子绕阻有相间短路、匝间短路或局部接地 ④工作环境原因:电机绕阻受潮或灰尘、油污附着在绕阻上;环境温度过高,进风口空气温度大于 35℃
效率下降	①水泵流通内壁和叶轮水平面变粗糙不平,泵内流通摩阻增大 ②泵壳内严重积垢或腐蚀 ③泵使用时间过长,机械磨损产生漏失与阻力增大
噪音过大	①轴承损坏或轴承与支架套间隙过大 ②冷却装置中排风片与支架撞击 ③电机噪音

4.5 试成孔

4.5.1 试成孔的目的:

1)检验施工方案是否合理,设备是否满足使用要求。

2)了解并验证地质条件,确定工艺参数。

3)通过试成孔对操作人员进行技术交底。

4.5.2 在正式施工前均应进行试成孔作业,试成孔数量应根据工程规模和施工场地的地层特点确定,每单位工程不少于 2 个。

4.5.3 根据试成孔过程的实际情况,应对钻进参数进行优化调整,若发现成孔工艺明显不满足施工要求应即时作出调整。

4.5.4 试成孔成果应在勘察、设计、建设、监理、施工等五方主体共同验收并确认,作为后续工程桩施工质量控制与验收的依据。

4.6　正循环回转成孔

4.6.1　一般规定：

1)泥浆正循环即泥浆流向从泥浆池经过钻杆至钻头,再经孔壁上返流至泥浆池,正循环钻进成孔适用于填土层、黏土层、粉土层、淤泥层、砂土层、松散的卵砾石层、基岩,桩孔直径不宜超过∅1000mm,钻孔深度不宜超过60m。

2)钢护筒埋设。

(1)护筒埋设应准确、稳定,护筒中心与桩位中心的偏差不得大于50mm。

(2)护筒可用4～8mm厚钢板制作,其内径应大于钻头直径100mm,上部宜设1～2个溢浆口。

(3)护筒的埋设深度,在黏土中不宜小于1.0m,砂土中不宜小于1.5m;护筒下端外侧应用黏土填实,其高度尚应满足孔内泥浆面高度的要求。

(4)受水位涨落影响或水上施工的钻孔灌注桩,护筒应加高加深,必要时应打入不透水层。

3)正循环钻进成孔的泥浆循环系统的设置和使用应符合下列规定：

(1)泥浆循环系统有自流回灌式和泵送回灌式两种,可根据现场情况选用。

(2)泥浆循环系统应由泥浆池、沉淀池、循环槽、泥浆泵、除砂器等设施设备组成,并应设有排水、清洗、排渣等设施。

(3)泥浆池和沉淀池应组合设置,一个泥浆池配置的沉淀池不宜少于一个,循环泥浆经沉淀后,由沉淀上口流入泥浆池再循环使用,含砂率高的地层,宜采用除砂器除砂。

(4)泥浆池的容积宜为单个桩孔容积0.8～1.2倍,每个沉淀池的最小容积不宜少于6m³,采用自流回灌或泥浆循环系统时,泥浆池与桩孔间循环槽连通,循环槽的流向坡度为 0.5%,槽的截面应能保证泥浆正常循环不外溢。

(5)泥浆池宜设在地势较低处,且不应设在新回填的土层上,泥浆池、沉淀池底部宜浇筑混凝土底板,池壁用砖块砌筑,池深宜为 1.0～1.5m,池壁高出硬化地面 150mm 以上。

(6)泥浆循环槽、泥浆池和沉淀池应经常疏通清理,清出的泥渣应集中堆放和外运。

4.6.2 正循环回转钻进参数:

1)钻压(钻进时施加给钻头的轴向压力,用 kN 表示)。根据各土层钻进的实际经验,推荐全面钻头的钻压参数如表 4.6.1 所示。

表 4.6.1 正循环钻压选择参考表

岩土类别	单轴抗压强度（MPa）	孔径(m)				
		0.4	0.6	0.8	1.0	1.2
		钻压(kN)				
砂层、砂土层		2～8	3～11	4～15	5～19	6～23
黏土层		8～17	11～26	15～35	19～43	23～52
含砾黏土、软岩	<5	17～22	26～33	35～44	43～55	52～65
砾卵石、强风化	5～30	22～50	33～75	44～99	55～124	65～149
中风化基岩	30～60	50～68	75～103	99～137	124～171	149～205
坚硬基岩	>60	68～87	103～130	137～173	171～216	205～260

2)转数(钻进中钻头的转数,一般用 r/min 表示)。根据各土层钻进经验,推荐转数如表 4.6.2 所示。

表 4.6.2 转数选择表

岩土层	线速度（M/S）	钻头直径(m)				
		0.4	0.6	0.8	1.0	1.2
		钻头转速(r/min)				
稳定性好的土层	1.5～3.5	72～167	48～111	36～84	29～67	24～56
稳定性较差的土层	0.7～1.5	73～72	22～48	17～36	13～29	11～24
极不稳定砂层、漂卵层	0.5～0.7	24～33	16～22	12～17	10～13	8～11
软质岩 $\delta_c <30MPa$	1.7～2.0	81～95	54～64	41～48	32～38	27～32
硬质岩 $\delta_c = 30～60MPa$	1.4～1.7	67～81	45～54	33～41	27～32	22～27
极硬岩 $\delta_c >60MPa$	1.0～1.4	48～67	32～45	24～33	19～27	16～22

3）泵量（钻进时送入孔内的冲洗液容积，一般用 L/min 表示）

当钻进速度快，钻渣量多，应相应增加泵量；当冲洗液的悬浮和携带钻渣能力强时，取表 4.6.3 下限值；用清水作冲洗液时，则应取上限值。参考泵量如表 4.6.3 所示。

表 4.6.3 正循环排渣泵量选择表

地层情况与钻进方法	孔径(m)			
	0.4	0.6	0.8	1.0
	泵量(L/min)			
上部无不稳定地层（刮刀、牙轮钻进）	340～390	500～825	990～1485	1560～2330
上部无不稳定地层（钢粒或合金钻进）	135～300	200～450	270～600	340～755
上部有不稳定地层	<120	<280	<500	<780

注：采用此泵量，冲洗液上返速度须达 0.3～0.5m/s。

4)钻进速度(钻头在单位时间内钻进地层深度,一般以 m/h 表示)。根据地区实际经验,参考钻进速度如表 4.6.4 所示。

表 4.6.4 各地层钻速选择表

土层类别	孔径(m)			
	0.4	0.6	0.8	1.0
	钻进速度(m/h)			
杂填土	3~4	2~3	2~3	1~2
淤泥及淤泥质黏土	10~12	8~10	8~10	6~8
黏土层	6~8	6~8	4~6	3~5
砂土层	4~6	3~5	3~5	2~3
卵砾石层	2~3	1~2	1~2	0.5~1.5
基岩	<0.5	<0.5	<0.5	<0.3

4.6.3 正循环成孔操作应符合下列规定:

1)首根桩开孔,冲洗液宜采用泥浆。

2)钻进前应先开泵,在护筒内灌满泥浆,然后开机钻进,钻进时应先轻压慢转并控制泵量,进入正常钻进后,逐渐加大转速和钻压。

3)如果护筒底土质松软出现漏浆时,可提钻向孔内倒入黏土块,也可投入少量水泥,用钻头搅拌均匀,停钻 2~4h 可防止漏浆。

4)正常钻进时,应合理控制钻进参数,及时排渣,操作时应掌握好起重滑轮组的钢丝绳和水龙带的松紧度,减少晃动。

5)在易塌方地层中钻进时,应适当加大泥浆比重和黏度。

6)加接钻杆时,应先将钻具提离孔底 0.2~0.3m,待泥浆循环 2~3min 后,再拧卸接头加接钻杆。

7)当孔深大于 60m 时,宜在第二节钻杆中间加设导正圈,防止钻孔缩颈、倾斜。导正圈的外径同设计桩径。

8)钻进中遇到异常情况,应停机检查,查出原因,进行处理后方可继续钻进,常见故障原因分析及处理方法见附录 A。

9)在砂砾层等坚硬土层中钻进时,易引起钻具跳动、蹩车、钻孔偏斜等现象,故操作时应注意,宜采用低转速,控制进尺,配置优质泥浆,必要时,钻具上应加配导向圈,防止孔斜。对于桩径过大引起扭矩增加,可采用先小钻头钻进,再用大钻头扫孔。

4.7 反循环回转钻进

4.7.1 一般规定:

1)反循环回转钻进是指冲洗液从孔口沿钻具与孔壁的环状间隙流向孔底,再经钻头沿钻杆内腔上升,经过水笼头和排渣管排到地表,经净化后重新流入孔内的循环方式。根据反循环设备不同,其通常可分为泵吸反循环、气举反循环和射流反循环。

2)泥浆循环系统的设置和使用应符合下列规定:

(1)泥浆循环系统应由循环池、沉淀池、循环槽、砂石泵、除渣设备等组成,并应设有排水、清洗、排放废浆等设施。

(2)地面循环系统有自流回灌式和泵送回灌式两种,循环方式可根据现场条件、地层和设备情况合理选择。

(3)泥浆池数量不应少于 2 个,每个池的容积不应少于桩孔容积的 1.2 倍;沉淀池数量不应少于 3 个,每个池的容积宜为 $15 \sim 20 m^3$;循环槽的截面积应是泵组水管面积的 $3 \sim 4$ 倍,坡度不少于 1%。

4.7.2 反循环钻进的优点。相比正循环钻进成孔,反循环钻进有如下几个优点:

1)钻进效率高。

2)钻头寿命长。

3)对孔壁冲刷作用小。

4)清孔效果好。

4.7.3 反循环钻进方法的应用条件：

1）有较充足的水源，以满足钻进用水的需要，即使孔内发生泥浆漏失也能够保持孔内的水位。

2）施工地层中最好没有粒径大于钻杆内径的石块或杂物，否则会积聚在孔底，影响钻进过程中正常排渣。

3）一般在孔深大于 50m 时用泵吸反循环成孔效率会更加明显，在孔深大于 100m 时气举反循环效率会更高。

4）护筒内的水位要高出自然地下水位 2m 以上，以确保孔壁的任何部分均保持 0.02MPa 以上的静水压力，保持孔壁不坍塌。

5）除了配备正循环设备以外，还应配备专用反循环泵组或空压机及泥浆净化设备。

4.7.4 泵吸反循环钻进参数：

1）钻压。常见泵吸反循环钻压参考表 4.7.1。

表 4.7.1 泵吸反循环钻进钻压选择表

岩土类别	单轴抗压强度（MPa）	孔径（m）				
		0.6	1.0	1.5	2.0	2.5
		钻压（kN）				
砂层、砂土层		3～11	5～19	7～28	9～38	12～47
黏性土		11～26	19～43	28～65	38～86	47～107
含砾黏土、砾卵石层、强风化泥岩、泥灰岩	<5	26～33	43～55	65～82	86～109	107～138
强风化—中等风化砂页岩	5～30	33～75	55～124	82～186	109～249	138～310
中等风化—微风化砂页岩、软石灰岩	30～60	75～103	124～171	186～256	249～342	310～428

续表

岩土类别	单轴抗压强度（MPa）	孔径(m)				
		0.6	1.0	1.5	2.0	2.5
		钻压(kN)				
石英砂岩	60～100	103～130	171～216	256～324	342～433	428～540
片麻岩、花岗岩	100～200	130～179	216～298	324～446	433～595	540～745
致密石英岩	200～350	179～231	298～385	446～577	595～770	745～963

2)转速。常见泵吸反循环回转钻转速参考表 4.7.2。

表 4.7.2　泵吸反循环钻进转速选择表

岩土特性	线速度（m/s）	钻头直径(m)				
		0.6	1.0	1.5	2.0	2.5
		钻头转速(r/min)				
稳定性好的土层	1.5～3.5	48～111	29～67	19～45	14～33	11～27
稳定性较差的土层	0.7～1.5	22～48	13～29	9～19	7～14	5～11
极不稳定的砂层、漂卵石	0.5～0.7	16～22	10～13	6～9	5～7	4～5
软质岩石（$\delta_c < 30MPa$）	1.7～2.0	54～64	32～38	22～25	16～19	13～15
硬质岩（$\delta_c = 30\sim60MPa$）	1.4～1.7	45～54	27～32	18～22	13～16	11～13
极硬岩($\delta_c > 60MPa$)	1.0～1.4	32～45	19～27	13～18	10～13	8～11

3)泵量(从排渣的角度来考虑,泵量必须保证钻杆内冲洗液上升的流速大于钻渣下沉的速度,即流速大于 2.89m/s,故泵吸反循环泵量参数可参考表 4.7.3。

表 4.7.3　泵吸反循环泵量选择表

钻杆规格 外径(mm)×内径(mm)	孔径(m)			
	0.6	0.8	1.0	1.2～2.5
	泵量(m³/h)			
168×150	127～156	127～254	127～254	127～254
219×200	<147①	226～279	226～448	226～452

① 直径为 0.6m 的孔中不宜采用此种规格钻杆

4.7.5　泵吸反循环钻进的操作要点:

1)吸水系统的连接应做到严密、牢固、通顺。

从砂石泵的吸入口起直至钻头的吸口止,包括软管、水龙头和钻杆,各连接部位都要用橡胶垫(或圈)密封,法兰的各个螺栓拧紧,并要有防松装置,尤其是钻杆的连接螺栓,吸渣通道要保持通径一致,不得有杂物在其中阻碍钻渣通过,转弯的地方要保证一定的曲率半径,不得拐直角弯。

2)下钻时不能将钻头直接下降到孔底,在起动砂石泵前钻头要提离孔底钻渣至少保持 0.2m 以上距离,以防止堵塞钻头的吸渣口。

3)砂石泵的启动

(1)使用灌浆泵启动的方法:先开启灌浆泵关闭砂石泵的出水控制阀,通过砂石泵向孔内注入冲洗液,待钻具、水龙头、软管及砂石泵全部充满冲洗液后,即可启动砂石泵,同时关闭灌浆泵,打开砂石泵的出水控制阀。

(2)使用真空泵启动的方法:先关紧砂石泵出水控制阀和气包放水阀,并打开真空泵管路阀门,然后起动真空泵,把孔内冲洗液引起砂石泵,通过气包的观察窗看到水面上升到上部时,即可启动砂石泵,同时停止真空泵,当砂石泵出口的压力表达到 0.2MPa 以上时,打开砂石泵出水控制阀,把管道中的冲洗液排到沉淀池。砂石泵工作后,即可打开气包排水阀门,放出气包内的冲洗液。

4)加接钻杆、暂停钻进或提升钻具的操作:

在钻具停止回转以后,仍要维持反循环 1～2min,待吸到钻杆内的钻渣全部排出地表以后,再停止砂石泵,防止停泵过早,钻杆内钻渣掉落到钻头吸口处形成堵塞。

5)注意观察排渣的种类、形状、大小,判断地层情况和钻进动态,合理调节钻进参数,控制钻进速度:

(1)在砂土或含少量砾石、卵石的砂土层中钻进时,转速和进尺速度都不可太快,防止发生钻头吸水口堵塞或排渣管路堵塞。

(2)当遇到含水丰富而易坍孔的粉砂土层时,宜用慢转速钻进,以减少对粉土层的搅动,同时加快进尺速度,以便快速通过,避免扩孔或发生坍孔。如果泵的额定流量比实际流量要大得多时,可把砂石泵出口阀门开度减少,控制流量,以减轻冲洗液对孔壁的冲刷。

6)钻进中若遇到故障或异常情况时,应停机检查,查找原因,进行处理后方可继续钻进。常见故障的原因分析及处理方法详见附录 A。

4.8　冲击成孔

4.8.1　冲击成孔的优缺点:

1)优点:

(1)冲击成孔时,由于冲量大而作用时间短,不易产生塑性变形,主要表现为脆性增加,有利于岩土裂隙的扩展,形成大体积破碎,尤其在裂隙发育的坚硬岩层、砾卵石层。

(2)所用设备和器具比较简单,价格便宜,操作和维护容易,搬迁方便,施工中材料消耗少。

(3)与回旋钻进泥浆循环排渣施工法相比,其用水量少,占用场地小。

2)缺点：

(1)有效破碎岩面的时间少，绝大部分时间能量消耗在钻头上下运动和无效地捣碎岩土中，钻进效率不高，能耗高。

(2)容易出现孔斜、卡钻、掉钻等事故。

(3)对环境产生噪音污染，对周边地层产生一定扰动作用。

4.8.2 钢埋设护筒：

1)每节长度一般为 1.5～2.0m，用 5～6mm 厚的钢板卷制而成，直径误差不应超 10mm，直径大于 1m 的钢护筒若刚度不够，可在顶端补焊加强环板。

2)所配护筒内径应比钻头直径大 200～400mm，护筒中心轴线应对准桩径中心，其偏差不得大于 50mm。

3)护筒埋设深度在黏土中不宜小于 1.0m，在砂土中不宜小于 1.5m，在淤泥或水深小于 3m 的浅水软土中一般不宜小于 2～3m。

4)当桩孔处于旱地时，护筒顶端一般应高出地面 0.3m，护筒就位后应检查其中心轴线的垂直度与中心偏差，符合设计要求后，在四周回填黏土并夯实，防止护筒底部渗漏。

4.8.3 冲击钻进参数的选择：

1)钻具重量。对于坚硬土层冲击成孔的钻具应越重越好，但一般应综合考虑钻头本身承受能力与钻机的起重能力，常用钻头最大重量宜为钻机起重量 70%，宜为 3～5t；对非坚硬地层的钻具重量宜为 1.5～3t。

2)冲程与冲击频率。目前通常有固定冲程与非固定冲程的两种冲击钻机，基本上固定式冲程在 0.8～1.0m，冲击频率一般为 35～42 次/min，非固定式冲程控制在 2～6m，冲击频率为 6～15 次/min。一般情况下，软土地层宜采用小冲程，硬土地层宜采用大冲程。具体各地层常用冲程如表 4.8.1 所示。

表 4.8.1　各类土层的冲程与泥浆比重选用表(针对非固定冲程钻机)

适用土层	钻进方法	效　果
在护筒中及其刃脚以下 3m	低冲程 1m 左右,泥浆比重 1.2～1.5,土层松软时投入小片石与黏土块	造成坚实孔壁
黏性土、粉土层	中低冲程 1～2m,加清水或稀泥浆,经常清除钻头上的泥块	防黏钻、吸钻,提高钻进效率
粉、细、中、粗砂层	中冲程 2～3m,泥浆比重 1.2～1.5,投入黏土块,勤冲,勤返渣,勤清理渣池	反复冲击造成孔壁坚实,防止坍孔,有时须人工造浆或改良泥浆性能以防止漏浆与坍孔
砂卵石层	中高冲程 2～4m,泥浆比重 1.3 左右,多投黏土块,减少投石量,勤返渣	加大冲击能量,提高钻进效率,有时须人工造浆或改良泥浆性能,防止漏浆与坍孔
基　岩	高冲程 3～4m,加快冲击频率 8～12 次/min,泥浆比重 1.3 左右	加大冲击能量,提高钻进效率
软弱土层或坍孔回填重钻	低冲程反复冲击,加黏土块夹小块石,泥浆比重 1.3～1.5	造成孔壁坚实
淤泥层	低冲程 0.7～1.5m,增加碎石和黏土投量,边冲击边投入	碎石与黏土挤入孔壁,增加孔壁稳定性

3)孔内泥浆。目前温州地区冲击成孔时,大多数采用泥浆正循环方式排渣,各土层泥浆比重选用详见表 4.8.1。

4.8.4　冲击成孔的操作要点:

1)钻具连接与焊接要求:

(1)钻具必须连接牢固,总重量不得超过钻机或卷扬机说明书规定的最大重量。

(2)钢丝绳不得超负荷使用,当折断钢丝的根数达到总根数的 5%时,该段钢丝绳应切除。

(3)活环钢丝绳连接时,必须用钢丝绳导槽,钢丝绳卡子的数量不得少于 3 个,相邻卡子应对卡。

(4)用开口活心钢丝绳接头时,必须保证牢固,活心灵活,钢丝绳与活套的轴线应接近一致。

(5)用法兰连接钻具,钻头及钻杆上的凹凸平面应吻合,法兰之间应有一定间隙,连接螺丝应用双螺帽,其轴线应与钻具轴线平行。

2)下钻时,应先将钻头垂直吊稳后,再导正下入孔内,不得全松刹车,高速下放。提钻时,开始应缓慢,提离孔底数米未遇阻力后,再按正常速度提升,若发现有阻力,应将钻具下放,使钻头转动方向后再提,不得强行提升。

3)钻具进入孔内,应在地面设置固定桩位或标志,以及在钻进中用交线法测量钢丝绳位移,提升钻具时,钢丝绳如果不在孔中心,则应及时校对。

4)下钻前,应对钻头的外径、出刃的磨损情况及钻具连接丝扣和法兰连接螺丝松紧程度进行检查,如磨损过多应及时修补,丝扣松动应及时拧紧。

5)钻进中,发现塌孔、扁孔、斜孔时,应及时处理,发现缩径时,应经常提动钻具,修护孔壁,每次冲击时间不宜过长,以防卡钻。

6)在操作卷扬机钢丝绳时,应根据孔底岩土的松、软、密、硬情况均匀松放,勤松少放,一般在松软地层中每次松绳 5～8cm,在密实坚硬地层中每次松绳 3～5cm,松绳过少易出现"打空锤"现象,松绳过多,钻具摆动大影响钻进效率。

7)成孔过程中应始终保持孔内液面比地下水位高 1.5～2.0m,保持孔壁稳定。

8)每台钻机宜备用两个以上钻头,在中途更换钻头时应检查钻孔直径,防止卡钻,任何时候最大冲程不宜超过 6m,以防卡钻与破坏孔壁。

9)当桩孔直径较大时,应根据设备能力采用分级扩孔钻进,第一级成孔直径应为设计桩径 0.6～0.8 倍。

10)钻进中一般每钻进 4～5m 时应检查钻孔的垂直度,孔壁完整性,当发现缩径时,应经常提动钻具,修护孔壁,每回次冲击时间不宜过长,防止卡钻。在冲孔过程中,出现斜孔、弯孔、梅花孔、塌孔及护筒周边冒浆、失稳情况时,应停止施工,查明原因,采取措施后方可继续施工,具体详见附录 A。

4.9　旋挖成孔

4.9.1　一般规定:

1)旋挖成孔宜用于填土、黏性土、粉土、碎石土、软岩及风化岩等岩土层,对不稳定地层必须进行孔壁加固处理,在没有施工经验的地层中成孔,应做试成孔验证,温州地区不适合旋挖干作成孔。

2)开工前应编制旋挖桩基工程施工组织设计,并对方案进行专项讨论。

3)旋挖成孔作业地面应坚实平整,作业过程中地面不得沉陷,工作坡度不得大于 3.5%,当地面强度不能满足旋挖钻机接地比压要求时,应采取铺设路基板或硬化地面等措施,确保机械稳定、安全作业。

4.9.2　钢护筒埋设

1)钢护筒宜选用厚度不小于 10mm 钢板制作,护筒内径宜大于钻头直径 200～300mm,直径误差应小于 10mm,护筒下端宜设置刃脚,多节钢护筒连接宜采用焊接,焊接头应满足强度、刚度、防漏要求,必要时可加焊肋筋。

2)护筒顶端宜高出地面不少于 0.3m,钻孔内有承压水时,护筒顶端应高出稳定后的承压水位 1.5m,软土和砂性土不应小于 3.0m,或直接穿过软土和砂性土进入黏性土不应小于 1.0m。

3)埋设时应确定中心位置,护筒中心与桩中心偏差不得大于

50mm,倾斜度不得大于1‰,护筒就位后,应在四周对称、均匀地回填黏土,分层夯实,同时防止护筒偏移。

4.9.3 泥浆。

1)一般规定:

(1)根据施工地层、造浆原材料、水质等条件合理选配泥浆。

(2)成孔时各种施工地层常用泥浆性能,应符合表4.9.1的规定。

表 4.9.1 常用泥浆性能参考表

地 层	泥 浆	泥浆性能指标			
		漏斗黏度(S)	密度(g/cm³)	失水量(mL/30min)	含砂量(%)
粉质黏土、黏土	膨润土(a≥4%)+分散剂	18~25	1.05~1.10	<25	<6
杂填土、淤泥质土、砂层	膨润土(a≥8%)+分散剂+增黏剂+增重剂	25~35	1.15~1.25	<25	<6
卵砾石层	膨润土(a≥10%)+分散剂+增黏剂	25~30	1.15~1.25	<25	<6
漏失地层	膨润土(a≥10%)+分散剂+增黏剂+堵漏剂	>35	1.10~1.20	<25	<6

注:a表示泥浆中膨润土与泥浆的质量比。

2)泥浆制备:

(1)现场应配备泥浆搅拌设备和泥浆测试仪器。

(2)现场应设泥浆池,池的容积不宜小于单桩成孔体积的1.2倍。

(3)泥浆制备应满足下列要求:黏土宜选择膨润土,当用其他黏土代替时,含砂率不应大于2%,造浆率不应小于5m³/t,塑性指数不应小于25。

(4)常用处理剂类型,可参考表4.9.2。

(5)若采用其他钻孔桩泥浆作稳定液时,必须对其进行性能改良与测试,满足要求后的泥浆也可以使用。

表 4.9.2　常用处理剂类型

处理剂类型	处理剂名称	主要作用
分散剂	碳酸钠(Na_2CO_3)、氢氧化钠(NaOH)等	分散黏土颗粒,调节 pH 值
增黏剂	羧甲基纤维素(LV-CMC、MV-CMC)、羧甲基纤维素钠盐(HV-CMC)、复合离子型聚丙烯酸盐(PAC141)等	降滤失、增黏
堵漏剂	棉花籽充粉、石重石粉、珍珠岩粉、锯末、稻壳碎末、水泥等	用于地层堵漏
增重剂	重晶石粉($BaSO_4$)、石灰石粉($CaCO_3$)、氧化铁粉(Fe_3O_4)	增加泥浆比重

3)泥浆的使用与管理:

(1)孔口采用护筒时,液面不宜低于孔口 1.0m,并且应高于地下水位 1.5m 以上。

(2)在易漏失泥浆地层施工时,应采取堵漏措施,控制孔口液面高度,维持孔壁稳定。

(3)每班应有专人负责泥浆的制备、性能检测、改良与废浆的净化。

(4)泥浆应循环利用,循环利用的泥浆性能须符合表 4.9.1 的规定。

4.9.4　旋挖钻机钻进参数的选择,可参考表 4.9.3。

表 4.9.3　旋挖钻机常用钻具和钻进参数的选用

地质条件	钻头选用	钻杆选用	加压方式	转速（r/min）	回次进尺（m）	提钻速度（m/s）
一般黏性土	单层底旋挖钻斗短螺旋钻头,分体式钻斗	摩擦钻杆机锁钻杆	油缸＋自重加压	20～50	≤0.8	≤0.8
杂填土、软土、粉土、砂土、松散卵砾石层	双层底的旋挖钻斗			20～30	≤0.5	≤0.6
硬黏土	单层底旋挖钻斗或斗齿螺旋钻头			20～30	≤0.8	≤0.8
胶结较好的卵砾石和强风化基岩	锥形螺旋钻斗或双层底的斗齿旋挖钻头	机锁钻杆	油缸＋机锁钻杆加压	9～20	≤0.5	≤0.6
中风化岩（推荐抗压强度小于30MPa）	截齿或牙轮筒式钻头、锥形斗齿螺旋钻头、双层底的斗齿旋挖钻斗			9～15	≤0.5	≤0.8

4.9.5　旋挖成孔的操作要点：

1）旋挖钻机就位后应对钻机进行调平对正,施工中应随时通过平衡仪检查钻机水平,开孔时对深度仪进行归零,并应在施工中随时核校。

2）施工前,应进行试成孔,并制备足够的泥浆。

3）旋挖钻机成孔应采用跳挖方式,钻斗倒出的渣土距桩孔口的最小距离应大于6m,并及时清除外运。在孔口有专人观察泥浆面变化并随时补充,严禁在施工过程中出现孔内泥浆面过低情况。

4）成孔时钻杆应保持垂直稳固,钻进速度应根据地层变化及时调整,钻进过程中,应随时清理孔口积土,遇到地下水、坍孔、缩径等异常情况应及时处理。

5)在砂砾层中钻进时,应注意防止泥浆的砂砾进入钻杆壁的间隙,导致钻杆无法正常伸缩,甚至出现安全事故。

6)在钻进砂层、卵砾层应密切关注漏浆与坍孔现象,同时应降低钻进和钻具升降速度,保持孔口泥浆面高度与泥浆性能。

7)遇到易缩径地层时,应加大钻头的外切削出刃,在缩径部位上下反复扫孔,并适当增加泥浆比重。

8)钻具即将放到孔底时,宜采用自由放绳,钢丝绳使用寿命不宜超过钻孔进尺 2000m。

9)钻孔达到设计深度时,应进行清孔,终孔后对孔口予以安全防护。

4.10 成孔质量检验

4.10.1 检验内容

在终孔时或在成孔过程中应对成孔质量进行检验,主要检验内容:孔深、孔径、垂直度、孔壁完整性、沉渣厚度。

4.10.2 检验方法如表 4.10.1 所示。

表 4.10.1 常用成孔质量检验方法

检验内容	孔 深	孔 径	垂直度	孔壁完整性	沉渣厚度
检验工具（仪器）	专用测绳	井径仪	超声波检测仪	超声波检测仪（水下成像仪）	专用测绳
允许偏差	+300mm	±50mm	<1%		见表 5.1.2

5 清孔与沉渣检测

5.1 清孔的一般规定

5.1.1 钻孔桩清孔应分两次进行。一次清孔应在终孔时进行,二次清孔应在钢筋笼和灌注导管安装完成后、混凝土灌注前进行。

5.1.2 清孔方法应根据孔深、地质情况、设计要求和施工工艺综合确定。常用的清孔方法有正循环清孔、泵吸反循环清孔和气举反循环清孔。

5.1.3 一次清孔、二次清孔后均应检测泥浆指标和沉渣厚度。泥浆指标和沉渣厚度应符合表5.1.1和表5.1.2的规定。

表 5.1.1 清孔后的泥浆指标、检测方法

项 目		一次清孔	二次清孔	检测方法
泥浆指标	泥浆比重 孔深<60m	≤1.2	≤1.15	泥浆秤、泥浆比重计
	泥浆比重 孔深≥60m	≤1.25	≤1.25	
	黏度	18~28S	18~22S	漏斗黏度计
	含渣率	≤8%	≤8%	

注:泥浆比重系在孔底取样的泥浆比重。

表 5.1.2　清孔后的沉渣厚度、检测方法

	桩类型	一次清孔		二次清孔	检测方法
		正循环 二次清孔	反循环 二次清孔		
沉渣厚度	摩擦桩	≤200mm	≤300mm	≤100mm	测锤测定
	端承桩	≤100mm	≤200mm	≤50mm	
	支护桩	≤300mm	/	≤200mm	

　　5.1.4　钢筋笼、灌注导管安放完成后,宜采用泥浆比重小于1.15 的泥浆,置换孔内泥浆。

　　5.1.5　用于检测沉渣厚度的标准测锤,重量不小于 1.0kg,外形如图 5.1.1 所示。施工现场也可采用拼焊 3 根 $L=130$mm 的 $\varnothing 20$mm 钢筋束制作。

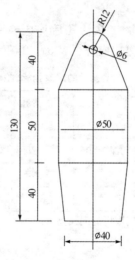

图 5.1.1　测锤外形(单位:mm)

5.2 正循环清孔

5.2.1 正循环清孔适合于桩径不大于 800mm、孔深不大于 60m 的桩孔。

5.2.2 钻孔深度达到设计要求后,应进行第一次清孔。第一次清孔时应根据孔底钻渣的多少,把钻头提离孔底相当于沉渣厚度的距离,利用钻具轻压慢转,大泵量输送优质泥浆(比重 1.15~1.20、黏度 18~22S),直到清除孔底钻渣。孔深小于 60m 的桩,第一次清孔的时间不小于 15min;孔深大于 60m 的桩,第一次清孔的时间不小于 30min。

5.2.3 第二次清孔利用灌注导管泵入比重为 1.05~1.10、黏度 18~22S 的泥浆循环清孔。孔深小于 60m 的桩,第二次清孔的时间不小于 30min;孔深大于 60m 的桩,第二次清孔的时间不小于 45min。

5.2.4 正循环清孔时,采取措施保证泥浆的泵入量,保证孔内泥浆的上返速度不小于 0.25m/s。

5.2.5 泥浆的泵入量,可参考表 5.2.1 正循环清孔泥浆泵入量参考表。

表 5.2.1　正循环清孔泥浆泵入量参考表

桩　径(mm)	∅600	∅700	∅800	∅1000
泥浆泵排量(m³/min)	4.5	6.0	8.0	12.5

5.2.6 第二次清孔时,应左右、上下移动导管位置,以便将孔底边沿的沉渣置换、清除。

5.3 泵吸反循环清孔

5.3.1 泵吸反循环清孔适合于桩径大于 700mm、孔深在 40~80m 的桩孔。

5.3.2　砂石泵的排量应根据孔径、地层情况综合确定,通常为 $160\sim180\mathrm{m}^3/\mathrm{h}$。

5.3.3　泵吸反循环的第一次清孔,将钻头提离孔底 $500\sim800\mathrm{mm}$,利用钻具空转,输入含砂量小于 4% 的优质泥浆,排出含钻渣的泥浆,直到达到清孔要求。一次清孔时间不少于 10min。

5.3.4　泵吸反循环的第二次清孔,利用灌注导管进行。向孔内输入的泥浆比重不大于 1.1、含砂量小于 4%。当孔径大于 800mm 时,应将导管左右、上下移动,提高清孔效率。

5.3.5　砂石泵的排出量应与泥浆输入量相当,保持孔内水位,防止孔壁坍塌。同时,泵量不宜过大,防止吸垮孔壁。

5.4　气举反循环清孔

5.4.1　气举反循环清孔适用于孔深大于 60m 的桩孔二次清孔。

5.4.2　气举反循环清孔的工艺原理:将压缩空气通过送风管,送到导管内的气水混合器,压缩空气与导管内的泥浆混合,形成密度比导管外泥浆密度小的泥浆空气混合浆液。混合浆液在导管内外压差的作用下,沿导管内腔上升,经排渣管排至沉淀池。经沉淀后的泥浆又以自流方式或泵送方式连续不断地流回桩孔内,形成反循环。在泥浆循环过程中,孔底的沉渣随混合浆液上返排出桩孔,如图 5.4.1 所示。

5.4.3　气举反循环清孔的主要机具设备,包括空压机(风量 $6\sim9\mathrm{m}^3/\mathrm{min}$、风压 $0.7\sim1.5\mathrm{MPa}$)、储气罐(容积不小于 $2\mathrm{m}^3$)、灌注导管、送风管、气水混合器等。

5.4.4　气水混合器可用 $\varnothing25\sim32\mathrm{mm}$ 镀锌管制作,底端封堵,在 1m 左右长度范围内打 6 排、每排 4 个 $\varnothing8\mathrm{mm}$ 的小孔。

5.4.5　气举反循环的风压可按下式估算,可参考表 5.4.1。

$$P = \gamma_s \cdot H/100 + \Delta P$$

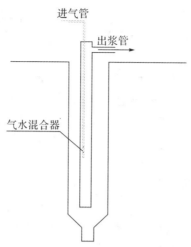

图 5.4.1 气举反循环工艺原理图

式中：γ_s——泥浆比重（kN/m³），一般取 1.15；

H——混合器沉没深度（m），$H = (0.55 \sim 0.65)$ 孔深；

ΔP——供气管道压力损失，一般取 $0.05 \sim 0.1$MPa。

表 5.4.1 气举反循环清孔风压参考表

孔深（m）	气水混合器深度（m）	风压（MPa）
60	33.0～39.0	0.5～0.6
65	36.0～42.0	0.5～0.6
70	38.5～45.5	0.5～0.7
75	41.3～48.8	0.6～0.7
80	44.0～52.0	0.6～0.8
85	46.8～55.3	0.6～0.8
90	49.5～58.5	0.6～0.8

5.4.6　气举反循环清孔的风量可按下列经验公式计算：

$$Q = 0.6d^2V$$

式中:Q——所需风量(m^3/min);

　　　d——导管内直径(m);

　　　V——导管内混合液上升速度(m/s),常取 $1.5 \sim 2.0m/s$。

对于采用 $\varnothing 250mm$ 导管,气举反循环清孔的风量不得小于 $6m^3/min$。

5.4.7　气举反循环清孔的施工,应符合下列规定:

1)导管下放深度以导管底距沉渣面 $300 \sim 400mm$ 为宜,气水混合器的沉没深度为孔深的 $0.55 \sim 0.65$ 倍。

2)启动空压机后,空压机先运行 $3 \sim 5min$,待气压稳定以后开始向孔内送气。保持孔内泥浆面高度,避免塌孔,要求泥浆沉淀后通过循环沟自动返回孔内,必要时通过其他措施往孔内补浆,返浆口直径不小于 $150mm$。

3)开始送风前应先向孔内送浆,正循环清孔运行 $3 \sim 5min$,然后停止正循环,切换到气举反循环清孔。清孔结束时应先停止供气,然后停止供浆。清孔过程中,特别要注意补浆量,严防因补浆不足造成孔内水位下降而引发塌孔。

4)送风量应从小到大,风压应稍大于孔底水头压力,当孔底沉渣较厚、块度较大或沉淀板结时,可适当加大送风量,并摇动导管,以利排渣。

5)随着钻渣的排出,孔底沉渣厚度减小,导管应同步跟进,控制导管底口与沉渣面的距离在 $300 \sim 400mm$ 为宜。

5.5　沉渣检测方法与步骤

5.5.1　孔底沉渣的测定采用垂球法。采用垂球顶端系上测绳,把垂球慢慢沉入孔底,凭人的手感判断沉渣顶面位置,读取测绳刻度。

5.5.2　沉渣厚度的计算,按式(5.5.1)计算确定:

沉渣厚度 T＝孔深 H_1－测绳测出的钻孔深度 H_2　　（5.5.1）

5.5.3　孔深 H_1 按式(5.5.2)计算确定：

孔深 H_1＝钻头高度 h_1＋钻具总长 h_2－机上余尺 h_3－

机高 h_4　　　　　　　　　　（5.5.2）

计算式中符号的意义如图 5.5.1 所示。

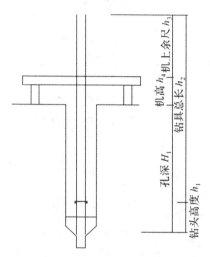

图 5.5.1　钻孔深度计算示意图

5.5.4　钻头高度 h_1 按以下规定确定：

1)当钻头采用平底钻头时,钻头高度 h_1 取值为钻头的实际长度。

2)当采用锥形钻头时,钻头高度 h_1 取值为钻头锥形部位高度的 2/3 再加上其他长度,如图 5.5.2 所示。

5.5.5　进行沉渣测量时,应先关停泥浆泵,然后再下放测绳,提拉导管 500～800mm,待测锤抵达孔底沉渣面时,拉直测绳,读取测绳读数,再减去地面到测绳基准面的高度,得出清孔后的孔深 H_2。

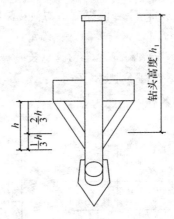

图 5.5.2　钻头高度示意图

6 钢筋笼制作与安放

6.1 一般规定

6.1.1　钢筋原材料的选用应符合设计要求,钢筋原材料的各项性能指标应符合表 6.1.1 的规定。

表 6.1.1　钢筋原材料的化学成分及力学性能表

钢筋牌号		化学成分%(不大于)						力学性能(不小于)			冷弯试验弯芯直径 d
		C	Si	Mn	P	S	Ceq	Rel (MPa)	Rm (MPa)	A (%)	
光圆钢筋	HPB300	0.25	0.55	1.5	0.045	0.050		300	420	25	$d=a$
带肋钢筋	HRB335	0.25	0.8	1.6	0.040	0.04	0.520	335	455	17	$d=3a$
	HRB400						0.540	400	540	17	$d=4a$
	HRB500						0.550	500	630	16	$d=5a$
	RRB335	0.25			0.045	0.045		335	390	16	$d=4a$
	RRB400							400	460	16	$d=5a$
	RRB500							500	575	14	$d=6a$

备注:①国产钢筋的化学成分,一般不需要进行成分检测。进口钢材应进行化学成分检测。

②弯芯直径 d 是指钢材弯曲 180°后,钢筋受力弯曲部位表面不得产生裂纹,该钢筋弯曲试验合格。

6.1.2　钢筋原材料的实际重量与理论重量的允许偏差应符合表 6.1.2 规定。

表 6.1.2　钢筋重量偏差规定表

钢筋牌号	公称直径(mm)	实际重量与理论重量的偏差(%)
光圆钢筋	6～12	±7
	14～22	±5
带肋钢筋	6～12	±7
	14～20	±5
	22～25	±4

备注:当实际重量偏差超过上表的允许值,则该批钢筋不得复核而判定为不合格品。

6.1.3　钢筋进场时必须随带材料合格证、质保书并在监理(业主)人员见证下入库,并按规定抽样复检,复验结果报送监理工程师审签后方可使用。

6.1.4　钢筋进场后按批次、规格分类架空堆放,标识清楚,妥善保管,以防污染或锈蚀。

6.1.5　电焊条应有出厂合格证书,并按规定保管存放,以防受潮而影响焊接质量。

6.1.6　钢筋笼所用的焊条,应根据钢筋母材的型号选择使用。不同母材的焊接可选择强度等级较低的母材所对应的焊条使用。主筋(Ⅱ级以上的钢筋)与箍筋(HPB300)以及Ⅱ级钢筋的焊接可选用 E43 系列焊条;Ⅲ级钢筋焊接应选择 E50 及其以上级别的焊条。

6.1.7　钢筋的机械连接所用的套筒应有产品合格证,合格证应注明套筒类型、生产单位、生产日期以及可追溯产品原材力学性能和加工质量的生产批号。

6.1.8　钢筋笼制作、安装的作业人员应经专业培训,并取得上岗证书后方可从事本专业工作。

6.2 钢筋笼制作

6.2.1 钢筋笼制作之前应认真解读设计图纸,领会设计意图,以防出现理解性的差错。

6.2.2 钢筋笼制作前应将主筋调直,清除污垢与铁锈。

6.2.3 钢筋笼应分段制作,分段长度根据吊装能力确定,整桩钢筋笼长度根据设计要求或实际有效桩长确定。钢筋笼的下料长度,应根据钢筋笼有效长度加分段安装长度确定。当采用焊接连接钢筋笼时,每个电焊接头的搭接长度宜按单面搭接焊 $10d$ 的搭接长度计算,并留有适当余地(建议配料时每个接头按标准理论搭接长度外加 $30\sim50mm$)。当采用机械连接钢筋笼时,每个接头的长度,应根据机械接头的长度计算。

6.2.4 施工现场钢筋笼采用手工或机械制作,制作过程宜先制作加劲箍。加劲箍应采用定型模具制作,其内径为设计桩径减去 2 倍桩身保护层厚度。加劲箍制作尺寸要准确,形状要规范。加劲箍接头应采用单面搭接焊,搭接长度不小于 $10d$。

6.2.5 钢筋笼制作方法,可采用电焊连接和机械连接两种:

1)普通电焊连接骨架成型操作方法:将钢筋笼的主筋套入预制好的加劲箍内侧,并将主筋与加劲箍电焊,形成骨架。钢筋笼主筋间距布置应均匀,首根主筋定位应在钢筋笼两端有两人同时与加劲箍点焊。首根主筋点焊固定宜从钢筋笼骨架的正下方开始,其位置应水平顺直。后续各主筋以首根主筋为基准,采用固定尺寸的卡具逐根量取,将主筋电焊固定于加劲箍之上。

加劲箍的接头位置应以螺旋方式沿钢筋笼长度方向错开布置,错开角度不小于 $45°$。钢筋笼主筋宜布置在加劲箍的内侧。

2)机械连接骨架成型制作方法:主(纵)筋接头镦粗、螺纹加工→骨架制作台搭建、首节钢筋笼主筋搬上操作平台→主筋端头拧套筒→第一节钢筋笼主筋与加劲箍电焊成架→将第二节钢筋笼主筋拧接到第一节钢筋笼的套筒上→第二节钢筋笼主筋与加劲箍电焊成架→将连接好的第一、二节钢筋笼主筋对应编号→拆解预拼的第一、二节钢筋笼并将第一节钢筋笼移离操作台→将第三节钢筋笼主筋上台与第二节钢筋笼的另一端以同样的方法拼接成架（重复上述程序直到整桩钢筋笼拼接完成）。

6.2.6　钢筋笼的箍筋宜采用 HPB300 的盘圆钢筋，缠绕在钢筋笼的最外侧，紧贴主筋并与主筋点焊。点焊可采取梅花点电焊，但必须做到点焊牢固，以防滑脱、散架。

6.2.7　钢筋笼主筋保护层可采用预制圆形饼状混凝土垫块，其强度不得低于 C20，垫块的外径不小于 120mm，厚度不小于35mm。也可采用扁钢定位环，定位环的竖向高度不应小于150mm，侧向宽度不应小于 50mm。钢筋笼保护层（混凝土垫块或定位环）宜在安放钢筋笼的过程中随笼安装入孔。

6.2.8　钢筋笼制作成型后其外观应规整，主筋、箍筋间距要均匀，主筋顺直，主筋两端错位距离应大于 $35d$。钢筋笼的制作允许偏差，如表 6.2.1 所示。

表 6.2.1　钢筋笼制作允许偏差

项　次	项　　目	允许偏差	检测方法
1	主筋间距	±10mm	用钢尺量
2	箍筋间距	±20mm	用钢尺量
3	钢筋笼直径	±10mm	用钢尺量
4	钢筋笼整体长度	±100mm	用钢尺量
5	钢筋笼弯曲矢高	5‰	拉线＋钢尺量

6.2.9　桩身钢筋笼的配筋由设计确定，但应考虑钢筋笼制作、起吊、运输以及成桩后基坑土方开挖等的不利影响。对于配筋粗密的钢筋笼，应适当加大加劲箍的钢筋直径或加设双箍，以加强

钢筋笼的刚度,防止变形。

6.2.10 底节钢筋笼的主筋与加劲箍平齐,主筋端头不得外露,以防混凝土灌注过程钩挂导管。

6.3 钢筋笼安装

6.3.1 钢筋笼在吊运过程中吊点选择应合理,笼长 9m 宜采用两点起吊,两吊点的位置宜布置在距离钢筋笼端部约 2.5m 处。钢筋笼起吊运输时应轻起轻落,避免振抖与碰撞,防止钢筋笼变形、散架。

6.3.2 钢筋笼运送到桩位处后,应堆放在场地平整,以便于起吊安装。应保持钢筋笼干净,不积泥浆,以免泥浆污染笼身而影响电焊链接质量。

6.3.3 钢筋笼起吊、安装可由桩机设备自行作业。当钢筋笼配筋粗密,单节起重量较大或者桩机设备起吊高度不足时,应采用吊车进行钢筋笼安放。钢筋笼入孔吊装可采用单点起吊,吊点位置宜选择笼顶下的第二个加劲箍处。钢筋笼起吊竖直过程中应有人工配合扶正。钢筋笼安装入孔时应保持垂直状态,对准孔位徐徐轻放,以免碰撞护筒孔壁。

6.3.4 钢筋笼安装入孔前应通知监理人员进行验收,验收的主要内容有:钢筋笼的配筋、节数、总长是否正确,形状尺寸是否标准。

6.3.5 钢筋笼孔口连接,应符合下列规定:

1)钻孔灌注桩钢筋笼孔口连接方式可采用电焊连接或机械连接。机械连接宜用于钢筋直径 $\varnothing 22mm$ 以上的 Ⅱ、Ⅲ 级钢筋的连接。

2)钢筋笼孔口连接程序:

(1)钢筋笼电焊连接:钢筋笼首节起吊入孔→临时固定→第二节钢筋笼起吊并与首节钢筋笼搭接点焊→上、下节钢筋笼顺直校正→对称施焊→接头部位箍筋补焊→焊接质量验收→冷却下放→吊接第三节钢筋笼并重复上述作业程序(后续同)→最后一节钢筋笼吊焊完成→整桩钢筋笼孔口吊筋固定。

(2)钢筋笼机械连接:钢筋笼首节起吊入孔→临时固定→第二节钢筋笼起吊并与首节钢筋笼主筋对号连接→上、下节钢筋笼顺直校正→接头部位箍筋补焊→接头连接质量检查验收→第二节钢筋笼下放→吊接第三节钢筋笼并重复上述作业程序(后续同)→最后一节钢筋笼连接完成→整桩钢筋笼孔口吊筋固定。

3)钢筋笼孔口电焊连接作业要点:

(1)钢筋笼电焊接头的搭接长度不得小于 $10d$,搭接时上下两节钢筋笼主筋应平行搭插,相互紧靠,不留空隙。

(2)钢筋笼施焊之前先进行临时点焊固定,之后提拉上段钢筋笼,使其上下钢筋笼拉紧、顺直,符合要求后才能正式施焊。

(3)钢筋笼主筋施焊应对称进行,以防扭曲。钢筋笼施焊人数配置:桩径≤$\varnothing$800mm 的基桩可由一名焊工操作;对于桩径 $\varnothing$800mm 以上的基桩,或钢筋笼配筋粗密的抗拔桩宜由两名焊工同时对称施焊。

(4)钢筋笼主筋焊缝应饱满,焊缝宽度不应小于 $0.8d$,焊缝厚度不应小于 $0.3d$。

(5)同一连接区段内焊接钢筋的接头面积不应大于主筋总截面积的 50%。相邻接头应上下错开,错开距离不应小于 $35d$(主筋直径)。

4)钢筋笼孔口机械连接作业要点:

钢筋笼机械连接有直螺纹连接、锥螺纹连接及套筒挤压连接,其连接作业应符合下列规定:

(1)钢筋机械连接接头加工之前,应对不同钢筋接头进行接头工艺检验,每种规格钢筋的接头试件不应少于 3 件。

(2)同一连接区段内Ⅱ级接头的百分率不应大于钢筋笼主筋

总截面积的 50%，Ⅰ级接头的百分率可适当放宽。

（3）直螺纹接头的螺纹加工前，钢筋端部应先切平或镦平，然后才能加工，镦粗头不得有与钢筋轴线相垂直的横向裂纹。

（4）直螺纹钢筋丝头的加工长度应为正公差，保证丝头在套筒内可相互顶紧，以减少残余变形。

（5）锥螺纹接头加工前钢筋的端部不得有影响螺纹加工的局部弯曲或其他缺陷。钢筋丝头长度应满足设计要求，使拧紧后的钢筋丝头不得相互接触，丝头加工长度公差应为 $-0.5\sim-1.5p$。

（6）机械接头在连接安装时应采用扭力扳手拧紧。直螺纹、锥螺纹扭矩值应符合表 6.3.1、表 6.3.2 的规定。

表 6.3.1　直螺纹接头安装时的最小拧紧扭矩值

钢筋直径(mm)	≤16	18~20	22~25	28~32	36~40
拧紧扭矩(N·m)	100	200	260	320	360

表 6.3.2　锥螺纹接头安装时的最小拧紧扭矩值

钢筋直径(mm)	≤16	18~20	22~25	28~32	36~40
拧紧扭矩(N·m)	100	180	240	300	360

6.3.6　钢筋笼孔口连接接头质量应经监理工程师验收合格。电焊接头应适当冷却 2~5min 后，方可吊放入孔。

6.3.7　钢筋笼保护层垫块或定位环的设置沿笼长方向每隔 3m 配置一组，每节钢筋笼不应少于 3 组；每组保护层的块数不得少于 3 块，当桩径≥1000mm 时每组不应少于 4 块。

6.3.8　钢筋笼连接作业前，应进行钢筋连接工艺试验（工艺试焊或机械连接检验），合格后方可正式批量作业。钢筋笼电焊接头质量，除进行外观检查之外，还应对不同批次接头的力学性能进行抽样检测。抽样频次：每 300 个同种类型电焊接头抽样不得少于一组，每 500 个同条件机械连接接头作为一个检验批进行接头质量检验,抽样不得少于一组。

6.3.9 钢筋笼顶入孔之前应将锚入承台的主筋适当向外张开,以利于后续灌注导管的安放。钢筋笼整笼安装入孔后应核对检查安装的平面位置与标高,确认符合要求后将钢筋笼吊筋固定。钢筋笼安装平面位置偏差应控制在 20mm 之内,笼顶标高宜较设计标高提升 100~200mm,以防桩身混凝土凝固沉缩而带动桩身钢筋下沉。钢筋笼吊筋宜采用Ⅰ级或Ⅱ级钢筋,不应选用Ⅲ级钢筋。吊筋直径的选用应根据钢筋笼总重量计算确定,但不得小于 $\varnothing$12mm。

7 桩身混凝土灌注

7.1 一般规定

7.1.1 钻孔灌注桩宜采用预拌混凝土,特殊情况下的小型工程或无预拌混凝土供应条件的,可采用自拌混凝土,预拌混凝土的配置应符合《普通混凝土配合比设计规程》JGJ55－2011 的要求。

7.1.2 钻孔灌注桩混凝土选用的水泥品种宜为硅酸盐水泥或普通硅酸盐水泥,不得采用泌水性大的矿渣水泥,严禁采用快硬、早强型水泥。水泥强度等级不应低于 32.5。当混凝土的强度等级≥C25 时,应选用强度等级 42.5(含)以上的水泥。水泥质量应符合产品标准要求,并有出厂质保书及复试合格报告。用于同一根桩内的混凝土应采用同厂家、同品种、同等级、同批号的水泥。

7.1.3 自拌混凝土的材料,应符合以下要求:

1)混凝土用的粗骨料应为卵石或碎石,且级配良好、质地坚硬。粗骨料的含泥量不应大于 1%,并严格控制针片状骨料的含量;粗骨料最大粒径不应大于 31.5mm,且不得大于钢筋笼主筋净距的 1/3。

2)混凝土用砂应选择细度模数 2.3 以上的级配良好、洁净的天然粗、中砂或混合砂,不得选用细砂或海砂。砂的含泥量不大于 1%。

3)混凝土拌和用水,应选用饮用水,严禁使用海水。拌和用水质量要求应符合表 7.1.1 的规定。

表 7.1.1 混凝土拌和用水质量要求

检控项目	pH 值	不溶物 (mg/L)	可溶物 (mg/L)	CI⁻ (mg/L)	SO₄²⁻ (mg/L)	碱含量 (rag/L)
控制量值	≥4.5	≤2000	≤5000	≤1000	≤2000	≤1500

7.1.4 水下混凝土的配置可根据工程实际情况掺加适量的缓凝、减水或泵送类的外加剂,掺量必须通过试验确定,并应符合《混凝土外加剂应用技术规范》GB50119 规定。

7.1.5 灌注桩混凝土配合比设计应按《普通混凝土配合比设计规程》JGJ55 的要求进行,并应符合下列规定:

1)预拌混凝土进场应随带混凝土技术资料,资料应载明混凝土所用的胶凝材料(水泥)、粗、细骨料,外加剂,混凝土配合比以及混凝土的初凝时间等相关信息。

2)混凝土配合比应按水下混凝土灌注要求配置,每立方米混凝土胶凝材料的用量不宜小于 360kg。

3)混凝土坍落度设计值为 180～220mm。桩身混凝土初灌时取高值,正常灌注过程取低值。夏季高温施工应考虑混凝土运输过程中坍落度的损失,以满足施工灌注要求。

4)混凝土初凝时间不应小于运输和灌注时间之和的 2 倍,且不宜小于 8 小时。混凝土供货单中应标注混凝土的初凝时间。

7.1.6 灌注时混凝土塌落度应控制在 160～200mm,并具有良好的和易性,以满足灌注要求。灌注过程中不得出现明显的沉淀、离折现象。

7.1.7 严格控制混凝土的泌水率与体积收缩率,提高桩身混凝土的密实度,对抗渗等级高的工程,宜按抗渗混凝土配设。灌桩结束时,应及时查看桩头的泌水、泛砂情况。

7.1.8 桩基混凝土试块制作、养护和试验应符合下列规定:

1)取样应在灌桩现场并在监理工程师的见证下进行,试块制作后应及时做好标记,并现场拍照留档。

2)试件(块)数量:每灌注 50m³,必须有一组试件;小于 50m³ 的桩,每根桩必须有一组试件;每组试件应有 3 块(150mm× 150mm×150mm)试块组成。

7.1.9 试块制作后在 20±5℃ 环境中静置 1～2 个昼夜,然后编号、拆模,进行标准条件下养护,28 天后测定试件的标准抗压强度值。

7.1.10 代表桩身混凝土检验批强度的试块可采用统计法进行评定,其评定结果应能满足式(7.1.1)和式(7.1.2)的要求:

$$m_{fcu} \geqslant f_{cu,k} + \lambda_1 \cdot S_{fcu} \qquad (7.1.1)$$

$$f_{cu,\min} \geqslant \lambda_2 \cdot f_{cu,k} \qquad (7.1.2)$$

式中:S_{fcu}——同一检验批混凝土立方体抗压强度标准差,并按式 (7.1.3)计算:

$$S_{fcu} = \sqrt{\frac{\sum\limits_{i=1}^{n} f_{cu,i}^2 - n \cdot m_{fu}^2}{n-1}} \qquad (7.1.3)$$

式中:S_{fcu}——同一检验批混凝土立方体抗压强度标准差(N/mm²), 精确到 0.01N/mm²;当检验批混凝土强度标准差 S_{fcu} 计算值小于 2.5N/mm² 时,应取 2.5N/mm²。

n——本检验期内样本容量。

上面 λ_1、λ_2 系数取值如表 7.1.2 所示。

表 7.1.2 混凝土强度统计系数取值表

试件组数	10～14	15～19	≥20
λ_1	1.15	1.05	0.95
λ_2	0.90	0.85	

7.2 水下混凝土灌注

7.2.1 桩身混凝土应采用导管法水下灌注,灌注导管的选用

与配置,应符合下列规定:

1)导管管径应与单桩体积匹配。桩径小于$\varnothing$800mm,导管内径宜为$\varnothing$200~250mm;桩径$\varnothing$800~1200mm,导管内径宜为$\varnothing$250~300mm;桩径大于$\varnothing$1200mm 导管内径宜为$\varnothing$300mm 以上。

2)导管宜采用无缝钢管制作,内径$\varnothing$250mm 以下的导管壁厚不宜小于5mm,$\varnothing$300mm 的导管壁厚不应小于6mm。导管截面应规整,长度方向平直,不得有明显的挠曲和局部凹陷。

3)导管在安装入孔时应清除丝扣周边的砂浆与杂物,保证导管接头连接紧密、平直可靠、密封良好。导管接头连接方式宜为螺旋细扣连接,接头部位应加放"O"形橡胶密封圈。导管使用过程中应做好日常维修保养工作。

4)导管初次使用前应做闭水试验:将3~5节测试的导管连接后,向管内加注容量约70%容量的清水,一端密封,另一端通过空压机加注压缩空气,控制气压在0.6~1.0MPa,维持时间15min,以导管接头不渗水为合格。

5)导管标准节长宜为2.5~3.0m,底节导管度不应小于4m,总长应根据实际孔深合理配置,并应配设长度0.5~1.5m 的短节导管。导管配置总长=实际孔深+施工操作留量(1.2~1.5m)—初灌时导管到孔底的提空量(0.3~0.5m)。

7.2.2 灌料斗应符合下列规定:

1)灌料斗宜用厚度4~6mm 的钢板制作并设置,形状宜为圆台状,灌料斗下部锥体夹角不宜大于80°,漏斗下端以螺旋丝扣与灌注导管连接。

2)灌料斗容量,当采用现场自拌混凝土时,灌料斗容量应满足初灌量的要求;当采用商品混凝土时,最小容量不得小于0.8m³,并在初灌时应先将料斗灌满,然后才能开栓初灌。初灌期间混凝土必须及时连续跟进。

7.2.3 混凝土灌注用的隔水栓,当桩径大于700mm 时可采用橡胶球胆加铁盖板作为隔水栓;当桩径小于 700mm 时,可采用编织袋内装混凝土作隔水栓。

7.2.4 桩身混凝土初灌之前应做好以下三方面的准备工作:

1)灌桩人员、设备及水电的配置应到位,混凝土运输道路应满足运输要求。

2)初灌之前的二次清孔(综合)验收,应符合验收标准要求。

3)灌桩导管的通畅情况检查,其检查方法:采用 $\varnothing 200\mathrm{mm}$、高度 300mm 的导管探测器,从上到下探测导管的通畅情况。

7.2.5 初灌前必须进行二次清孔验收,合格后方可进行初灌。初灌时应适当提升管底高度,使导管下口与孔底脱空 300～500mm。在二次清孔验收合格后的 30min 内必须完成首批混凝土灌注。

7.2.6 混凝土隔水初灌:在导管内吊挂袋装混凝土隔水栓或采用球胆加盖板进行隔水处理。采用隔水栓做法是:在导管入口处用铅丝吊挂隔水栓,之后向料斗内灌注混凝土,料斗满灌后剪断铅丝,让隔水栓随带初灌混凝土将导管内泥浆压出,随后落入孔底,以起到隔水作用。若采用球胆加盖板方法隔水,则在导管内放入球胆之后再加盖钢板,然后向料斗内灌注混凝土,满灌后开启盖板,则球胆在前混凝土在后,利用球胆将泥浆压出导管,完成隔水初灌。初灌示意图如图 7.2.1 所示。

7.2.7 初灌量的计算。混凝土初灌量应能保证混凝土初灌后导管埋入混凝土面的深度不小于 1.0m,并使导管内混凝土柱和导管外泥浆柱的压强达到平衡。

$$V = k\pi D^2 h_2 / 4 + \pi d^2 h_1 / 4 \qquad (7.2.1)$$

式中:V——混凝土初灌量(m^3);

h——桩孔深度(m)(见图 7.2.2);

h_1——桩孔内混凝土面的高差(见图 7.2.2);

$h_1 = (h - h_2) r_w / r_c (\mathrm{m})$;

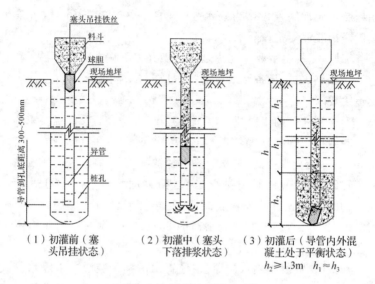

（1）初灌前（塞　　　（2）初灌中（塞头　　（3）初灌后（导管内外混
　　头吊挂状态）　　　　下落排浆状态）　　　凝土处于平衡状态）
　　　　　　　　　　　　　　　　　　　　　　$h_2 \geqslant 1.3m$　$h_1 \approx h_3$

图 7.2.1　混凝土初灌示意图

　　h_2——初灌混凝土下灌后导管外混凝土面高度,取 1.3～1.5m;

　　d——导管内径;

　　D——桩孔直径;

　　k——充盈系数,取 1.20～1.30;

　　r_w——泥浆密度,取 1.20;

　　r_c——混凝土密度,取 2.35。

7.2.8　混凝土灌注过程的质量控制:

1)桩身混凝土具备良好的流动性、和易性,合理控制混凝土的坍落度,防止因混凝土坍落度过大而导致混凝土离析。

2)加强导管反插次数,提高桩身混凝土密实度。在导管起拔过程中每隔 0.5～1.0m 作为一个反插区段,反插次数不少于 3 次,分段逐层反插。当灌注到桩身上部 5～10m 时,宜适当增加反插频率。

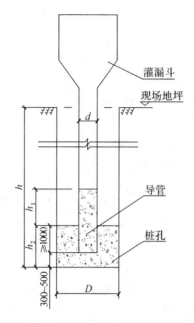

图 7.2.2 水下混凝土灌注示意图(单位:mm)

3)每灌入 2~3m³ 混凝土时,应测定桩孔内混凝土面的上升高度,计算导管埋深,确定导管拆除长度。对照实际灌入混凝土量,测算不同区段的桩身混凝土充盈系数值,以便分析评判地质特性和成桩质量。

4)灌注过程中,当孔内混凝土面上升到距离钢筋笼底 2~5m时,应适当减少埋管深度(埋管深度宜控制在 2~3m),并减小混凝土的灌入速度,同时不宜提拉导管,以降低孔内混凝土面的上升速度。当钢筋笼埋入混凝土 2.0m 以上时,才能提拉导管,按正常的灌注节奏进行混凝土灌注。

5)当浇桩过程中出现等料停歇时,停歇时间不宜超过 1h。等料期间应经常提拉孔内导管,适当减少埋管深度。来料复工后的首次加料不宜过多,待灌注顺利后才能按正常的灌注节奏进行。

6)灌注过程中应做好对孔口护筒、钢筋笼、注浆管、声测管等的保护,随时观察其变化动态。导管起拔应轻提稳放,不要碰撞钢筋笼、注浆管等物。万一碰撞、损坏护筒、钢筋笼等,应暂停灌注,及时修复。

7.2.9 当灌注到桩顶时,应控制桩顶混凝土超灌高度。超灌高度应根据桩径、桩长、地下室深度以及混凝土的坍落度综合确定:对于单层地下室的桩基,超灌高度不应小于1.5m;对于2层地下室的桩基,超灌高度不应小于2m;地下室层数大于3层,超灌高度尚需适当增加。

7.2.10 桩身灌注完成后,应根据混凝土的实际灌注量,计算充盈系数,评价成桩质量。单桩混凝土平均充盈系数不宜小于1.10,局部桩段充盈系数的最小值不得小于1.00,充盈系数的上限一般不宜大于1.30。当采用冲击工艺成孔的小口径入岩桩,其充盈系数不宜大于1.40。如果成桩充盈系数异常,应及时分析原因,改进成孔工艺。

7.2.11 桩身混凝土应连续灌注,灌注的时间不宜超过桩身混凝土的初凝时间,在灌注时操作应干脆利索。

7.2.12 当灌注过程中出现堵管时,可按以下方法处理:

1)轻微堵管,可适当提高导管、快速下落、急刹车振抖落料,导管内的混凝土在振冲力的作用下快速排出,导管畅通。

2)堵管较为严重,可借助高频振动器(将振动器安装在导管的顶部),开动振动器边振动边提升导管。仔细观察导管内混凝土的下落情况,及时调整振抖力度与导管提升高度。振抖的时间控制在2~3min内,如果还不能疏通导管,应另寻处理方案。

3)当堵管不能排除时,可采取拔管后二次灌注接桩的方法进行接桩处理。

7.2.13 二次灌注接桩应符合以下规定:

1)二次灌注接桩应征得监理工程师的同意。

2）当堵管、拆管、再次安放导管耗时间较短（2h 以内），在混凝土初凝时间内（约 3h 之内），可采用"冲刷法、沉管法"进行接桩处理。"冲刷法、沉管法"接桩操作要点：二次下导管，控制好导管的深度，使导管底口处于已浇混凝土（含砂浆）的表面，按照"初灌"方法再次以初灌混凝土。利用高处下落的混凝土动量将二次灌注的混凝土溶入已灌桩身混凝土内部，并及时快速下插导管，使导管插入已灌混凝土内 1m 以上。反复反插导管，并持续灌料，直至料斗内的混凝土不能继续灌入，且导管在新灌混凝土内埋管 3m 以上，才能恢复正常灌注。

3）当堵管处理时间较长（2h 以上），应采取重新清孔接桩的"嵌入"法进行处理。具体做法是：二次将导管下放到孔内已灌混凝土处，采用反循环清孔处理，清除堵管部位的浮浆或强度较低的混凝土松散层。然后再次以"初灌"方法接浇上部桩身混凝土。

4）桩身混凝土应灌注至地面，在养护 15 天后，进行桩身完整性检测。当桩身质量不合格时，应及时提出桩位设计变更，进行补桩处理。

7.3　桩身混凝土养护

7.3.1　桩身混凝土灌注完成后，应及时起拔护筒，回填桩孔。回填材料宜用级配良好的矿渣。

7.3.2　在桩身混凝土灌注完成的 36h 内、距离 4D（桩径）以内，不宜进行钻孔、冲击成孔作业。

7.3.3　桩身混凝土养护期内，钢筋笼吊筋不得用作地锚进行桩机移位。

8 灌注桩桩底后注浆

8.1 一般规定

8.1.1 灌注桩后注浆工法可用于各类钻、挖、冲孔灌注桩的沉渣(虚土)、泥皮和桩底、桩侧一定范围土体的加固,特别适宜用于桩端持力层为卵石层、砾石层的桩基工程。

8.1.2 施工前应掌握拟建场地的地层分布、持力层变化情况、地层渗透系数以及地下水情况等。调查桩端持力层的渗透性、可注性以及注浆浆液对环境的影响。

8.1.3 注浆管宜采用 $\varnothing 25mm$ 以上的钢管,且应与桩身钢筋笼加劲箍筋绑扎或焊接固定。

8.1.4 对于非通长配置钢筋笼的注浆桩,下部应有不少于 2 根与注浆管等长的钢筋组成钢筋笼直通孔底。

8.1.5 注浆阀应具有逆止功能,并能承受 1.0MPa 以上的静水压力。

8.1.6 注浆作业正式开始前,应进行不少于 2 根桩的注浆工艺试验,优化并确定注浆压力、注浆量、注浆速度、注浆终止条件等施工参数。

8.1.7 注浆后,应至少保养 15 天后,才能进行静载荷试验。

8.2 后注浆工艺的机具设备

8.2.1 灌注桩后注浆压浆泵应选用额定压力在 7.0MPa 以上、排浆量>5m³/h,性能稳定、操作方便的高压注浆泵。常用的

BW-150型注浆泵(最大流量150L/min、最大压力7MPa)和SGB6-10型注浆泵(最大流量100L/min、最大压力10MPa),同时要配备检测合格的压力表。

8.2.2 灰浆搅拌机、具备计量功能水泥浆桶、流量计。

8.3 注浆装置的设置

8.3.1 注浆管应采用钢管,钢管内径不宜小于25mm,壁厚不应小于2.5mm。桩长越长,注浆管直径应越大,注浆管底端宜比底部钢筋笼长50~100mm。

8.3.2 注浆管连接接头可采用螺纹或焊接连接,螺纹连接接头处应缠绕不少于3圈止水胶带;也可采用外接长约100mm短套管焊接连接。

8.3.3 注浆头可采用同注浆管直径的钢管制作,将注浆管底端封闭,然后距管底400mm段内,钻8~12个孔径为∅6~8mm的注浆孔,然后用图钉堵塞每个小孔,并用绝缘胶布缠绕,再在注浆孔表面用两层胶带缠绕保护(内层为自行车内胎),最后用硬包装带包扎一层,两道铁丝固定,如图8.3.1所示。

图8.3.1 注浆头示意图

8.3.4 注浆管数量宜按桩径对称设置,数量不应少于2根,当桩径大于1200mm时,应设置3根。

8.3.5 注浆管下放时应做注水试验。注浆管应随钢筋笼同时下放,两管应沿钢筋笼内侧对称且垂直下放,注浆管与钢筋笼的固定采用铁丝绑扎,绑扎间距 2.0m。

8.3.6 注浆头下端应伸出钢筋笼端部 50～100mm,上端一直通到地面,同时为避免移机等工序施工对注浆管的破坏,上端宜比地面低 0.2m,并用堵头临时封闭。对露出地面的注浆管,要加强工序间协调保护,防止施工机械和人为损坏,如图 8.3.2 所示。

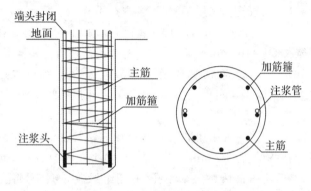

图 8.3.2 后注浆桩配筋示意图

8.3.7 对于非通长配筋桩,可利用 2 根与注浆管绑扎的原钢筋笼主筋延伸至孔底,并每隔 2m 设置一个钢筋固定加劲箍,以确保注浆管的稳定性及垂直度。对于有地下室的工程,为防止水泥浆从空孔部位的压浆管接头处压出,空孔部位的钢管均应采用整根长钢管连接或接头采用焊接,以避免漏浆。

8.3.8 钢筋笼应沉放到底,不得吊扭,下笼受阻时不得撞笼、墩笼、扭笼;还应采取相应措施保护好注浆管,防止其弯曲。

8.4 注浆浆液

8.4.1 注浆液应采用 32.5 级或 42.5 级的硅酸盐水泥、普通硅酸盐水泥、矿渣水泥配置的纯水泥浆,不得使用火山灰水泥。

8.4.2 浆液的水灰比应根据地层的渗透性、饱和度等综合确定,一般为 0.5～0.65。

8.4.3 搅拌好的水泥浆浆液应用孔径不大于 3mm×3mm 的滤网进行过滤,防止粗粒径颗粒堵塞注浆管路。

8.5 注浆量与注浆压力

8.5.1 单桩注浆量应根据桩径、桩长、桩端、桩侧土层特性,单桩承载力提高幅度等因素综合确定。

8.5.2 常见的单桩注浆量,可参考表 8.5.1。

表 8.5.1 单桩注浆水泥量参考表 （单位:水泥量 kg）

桩径 (mm)	渗透性好的 卵砾石层持力 层厚（>5m）	渗透性好的 卵砾石层持力 层薄（<5m）	渗透性差的 卵砾石层持力 层厚（>5m）	渗透性好的 卵砾石层持力 层薄（>5m）	持力层 为基岩
800	2000～3000	1000～1500	1000～1500	800～1000	约 400
1000	3000～4000	1500～2500	1500～2500	1000～2000	约 600
1200	4000～5000	2500～3500	2500～3500	2000～3000	约 800
1500	≥5000	≥3500	≥3500	≥3000	约 1000

8.5.3 桩端注浆的终止压力应根据土层性质、注浆点深度综合确定,注浆压力宜为 1.2～4.0MPa。

8.6 后注浆作业要求

8.6.1 桩底注浆开始作业的时间,宜于成桩后 3～25d 内进行,不宜迟于成桩 30d 后。注浆过早,会导致因桩身混凝土强度过低而破坏桩身;注浆过晚,将难以在桩底形成注浆通道,从而使桩中心形成低强度区而使浆液流向远处砾石层。

8.6.2 在注浆施工前应先采用清水进行开塞,压水量控制在 0.6m³ 左右,开塞压力一般小于 8MPa。如一管压水,另一管冒水,则说明注浆通路连通;或单管开塞压水,水不断注入也说明开塞成功。开塞后应立即停止注水。开塞成功后的 7 天内需进行注浆施工。

8.6.3 注浆。在注浆过程中,桩底的可灌性的变化直接表现为注浆压力的变化。可灌性好,注浆压力则较低,反之,若可灌性较差,注浆压力势必较高,注浆作业压力为一般为 4MPa 以下,注浆速度为 32～47L/min。压力偏高时,速度宜取低值,压力偏低时,速度宜取高值。

8.6.4 灌注桩端后注浆施工时,宜为 2 根注浆管同时注浆。

8.6.5 灌注桩后注浆一般以水泥注入量为主、注浆压力为辅进行控制,总的注浆水泥量应满足本工程的设计要求。一根桩预埋 2 根注浆管,若 1 根管能达到设计要求的注浆参数,可不对另一根管注浆。

8.6.6 注浆过程节奏控制。为了使有限浆液尽可能充填并滞留在桩底有效空间范围内,在注浆过程中还需对过程进行掌握,可采用间歇注浆。间歇时间的长短需依据压水试验结果来确定,并在施注过程中依据注浆压力变化,判断桩底可灌性现状,再加以调节。间歇注浆的节奏需掌握得恰到好处,既要使注浆效果明显,又要防止因间歇停注时间过长堵塞通道而使注浆半途而废。对于短桩,桩底注浆时往往会出现浆液沿桩周上冒现象,此时应在注入到冒浆后暂时停止一下,待桩周浆液凝固后,再施行补注浆,经过反复补注,这样可以达到设计要求的注浆量。

8.6.7 为防止注浆时水泥浆液从临近薄弱点冒出,桩的注浆时间应在混凝土灌注完成 3～7 天后,并且该桩周围 10m 范围内没有钻机钻孔作业,且该范围内的桩混凝土灌注完成也应在 3 天以上。

8.6.8 注浆施工的顺序应符合下列规定:

1)注浆顺序应根据上部结构的整体性、桩端持力层的渗透性、设计要求的施工工艺综合确定。

2)群桩注浆,宜根据钻孔灌注桩施工顺序跟踪施工,按照分期分批的原则,注浆时采用群桩一次性注浆。同一承台内的多桩,宜先注群桩外围桩,后注群桩内部桩。

3)对大面积的工程桩注浆,宜先注外围桩再注中间桩。

8.6.9　对桩长小于40.0m的桩端后注浆,在注浆施工时,应监测桩顶上抬量。

8.6.10　后注浆施工过程中,应经常对后注浆的各项工艺参数进行检查,发现异常应采取相应处理措施。当注浆量等主要参数达不到设计值时,应根据工程具体情况采取相应措施。

8.6.11　桩端后注浆钻孔灌注桩注浆时应做好施工记录,记录的内容应包括施工时间、注浆开始及结束时间、注浆数量以及出现的异常情况和处理的措施等。

8.7　终止注浆条件

当符合下列条件之一时,可以终止注浆施工:

1)注浆水泥总量和注浆压力均达到设计要求。

2)注浆总量已达到设计值的75%,且注浆压力超过设计值。

3)桩顶上抬量已达到2mm及以上。

4)桩顶冒浆且达到设计要求的注浆量。

8.8　后注浆施工常见问题及对策

8.8.1　当注浆压力长时间低于正常值或地面出现冒浆或周围桩孔串浆,可采用下列措施:

1)改为间歇注浆,间歇注浆时间宜为30~60min。

2)降低浆液水灰比,提高浆液的浓度。

3)添加速凝剂。

4)降低注浆压力。

8.8.2　当压力达到10MPa及以上仍然打不开压浆喷头时,

不要强行增大压力,可在另一根压浆管中补足压浆数量。

8.8.3 当出现桩身上抬,地面隆起时,应立即降低注浆压力。

8.8.4 当出现同一群桩承台内的个别桩压浆量达不到设计要求时,可视情况加大临近桩的压浆量作为补充。

8.8.5 当上述措施仍不能满足设计压浆量要求,或因其他原因堵塞、碰坏压浆管无法压浆时,可采用地质勘察钻机在离桩壁20～30cm 位置处,钻进直径大于 90mm 的小孔作引孔,钻孔深度比桩端深 40～50cm,在引孔内埋入带注浆头的注浆管,按正常后注浆工艺进行注浆,直至压浆量满足设计要求(此时补压浆量应大于设计压浆量)。

8.9 后注浆桩基工程质量检查和验收

8.9.1 后注浆施工完成后应提供水泥材质检验报告、压力表鉴定证书、试注浆记录、设计工艺参数、后注浆作业记录、特殊情况处理记录等资料。

8.9.2 在桩身混凝土强度达到设计要求的条件下,承载力检验宜在后注浆 20 天后进行,浆液中掺入早强剂时可于注浆 15 天后进行。

9　基桩质量检测

9.1　一般规定

9.1.1　建筑工程基桩质量检测,评价指标有单桩承载力和桩身完整性两项。

1)单桩承载力是指桩的竖向抗压承载力、竖向抗拔承载力、水平承载力。

2)桩身完整性是指桩身截面尺寸相对变化、桩身材料密实性和连续性的综合定性指标。

9.1.2　基桩质量检测可分为施工前为设计提供依据的试验桩检测和施工后为验收提供依据的工程桩检测。根据检测目的和检测方法的适应性、桩基的设计条件、成桩工艺等,按表 9.1.1 合理选择检测方法,必要时应采用两种或多种检测方法进行。

9.1.3　根据不同检测方法选用不同仪器设备,并满足检测要求。检测用仪器设备应在检定或校准的有效期内,检测前应对仪器设备检查调试,以保证基桩检测数据的准确性可靠性和可追溯性,并加强期间核查。

9.1.4　检测开始时间:

1)当采用低应变法或声波透射法检测时,受检桩混凝土强度不得低于设计强度的 70%,且不得小于 15MPa。

2)当采用钻芯法检测时,受检桩的混凝土龄期达到 28 天或受检桩同条件养护试件强度达到设计强度。

表 9.1.1　检测方法及检测目的

检测方法		检测目的
承载力检测	单桩竖向抗压静载试验	确定单桩竖向抗压极限承载力； 判定竖向抗压承载力是否满足设计要求； 通过桩身应变、位移测试，测定桩侧、桩端阻力； 验证高应变法的单桩竖向抗压承载力检测结果
	单桩竖向抗拔静载试验	确定单桩竖向抗拔极限承载力； 判定竖向抗拔承载力是否满足设计要求； 通过桩身应变、位移测试，测定桩的抗拔侧阻力
	单桩水平静载试验	确定单桩水平临界荷载和极限承载力，推定土抗力参数； 判定水平承载力或水平位移是否满足设计要求； 通过桩身应变、位移测试，测定桩身弯矩
	基桩承载力自平衡法	确定单桩竖向抗压极限承载力； 确定单桩竖向抗拔极限承载力； 判定竖向抗压、抗拔承载力是否满足设计要求
完整性检测	钻芯法	检测灌注桩桩长、桩身混凝土强度、桩底沉渣厚度，判定或鉴别桩端持力层岩土性状，判定桩身完整性类别
	低应变法	检测桩身缺陷及其位置，判定桩身完整性类别
	声波透射法	检测灌注桩桩身缺陷及其位置，判定桩身完整性类别检测
承载力和完整性检测	高应变法	判定单桩竖向抗压承载力是否满足设计要求； 检测桩身缺陷及其位置，判定桩身完整性类别； 分析桩侧和桩端土阻力； 进行打桩过程监控

　　3)承载力检测的开始时间。对于灌注桩受检桩的混凝土龄期达到 28 天或受检桩同条件养护试件强度达到设计强度；对于泥浆护壁灌注桩，宜适当延长休止时间。

　　9.1.5　桩身完整性和承载力检测宜从下列桩中选取，且宜均匀或随机分布。

1)施工质量有疑问的桩。

2)设计方认为重要的桩。

3)局部地基条件出现异常的桩。

4)施工工艺不同的桩。

5)承载力验收检测时部分选择完整性检测中判定的Ⅲ类桩。

验收检测时,宜先进行桩身完整性检测,后进行承载力检测。桩身完整性检测应在开挖至设计标高后进行。承载力检测时,宜在检测前后对受检桩(或锚桩)进行桩身完整性检测。

9.1.6　桩身完整性检测抽检数量,应符合下列规定:

1)建筑桩基设计等级为甲级,或地基条件复杂、成桩质量可靠性较低的灌注桩,检测数量不应少于总桩数的30%,且不得少于20根。

2)除上款规定外的基桩工程,检测数量不应少于总桩数的20%,且不得少于10根。

3)每个柱下承台不得少于1根。

9.1.7　承载力检测数量,应符合下列规定:

1)对于设计试桩,应满足设计要求,且在同一条件下不应少于3根;当预计工程桩总数小于50根时,不应少于2根。

2)对于工程桩验收,对单位工程,且同一条件下不应少于总桩数的1%,且不少于3根;当总桩数小于50根时,不应少于2根。施工前的设计试桩如没有加载到破坏且继续作为工程桩使用的,可作为验收依据,但数量不应超过设计试验桩总数的30%。

3)对于满足高应变法适用范围的灌注桩,可采用高应变法检测单桩竖向抗压承载力,检测数量不宜少于总桩数的5%,且不得少于5根。

9.1.8　对于端承型大直径灌注桩,当受设备或现场条件限制无法检测单桩竖向抗压承载力时,采用钻芯法测定桩底沉渣厚度并钻取桩端持力层岩土芯样检验桩端持力层,检测数量不应少于总桩数的 10%,且不应少于 10 根。

9.1.9　对在承载力和完整性检测中发现质量问题的工程,应验证与扩大检测。

1)对单桩承载力检测结果不满足设计要求时,应当分析原因,提出验证与扩大检测方案,并经专家论证后组织实施,同时应将方案上报给当地建筑工程质量监督部门。

2)对完整性检测发现的Ⅲ、Ⅳ桩,验证与扩大检测采用的方法和检测数量应满足工程实际情况和验收规范要求,并应得到各方建设主体的确认。

9.1.10　桩身完整性检测结果评价,应给出每根受检桩的桩身完整性类别。如表 9.1.2 所示。

表 9.1.2　桩身完整性分类表

桩身完整性类别	分类原则
Ⅰ类桩	桩身完整
Ⅱ类桩	桩身有轻微缺陷,不会影响桩身结构承载力的正常发挥
Ⅲ类桩	桩身有明显缺陷,对桩身结构承载力有影响
Ⅳ类桩	桩身存在严重缺陷

9.2　单桩竖向抗压静载试验

9.2.1　单桩竖向抗压静载试验,就是采用接近于竖向抗压桩实际工作条件的试验方法。当桩身中埋设测量土元件时,还可以直接测得桩侧各土层的极限摩阻力和端承力。

单桩竖向抗压极限承载力是指桩在竖向荷载作用下到达破坏状态前或出现不适于继续承载的变形所对应的最大荷载。

9.2.2 反力装置。目前使用两种典型的试验装置,一是堆载反力平台装置;二是锚桩试验装置,如图9.2.1所示。且以堆载反力平台装置最为常见。试桩、锚桩(压重平台支墩边)和基准桩之间的中心距离应符合规范规定。

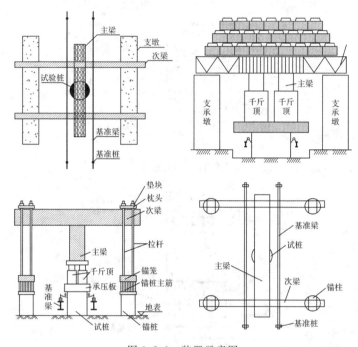

图 9.2.1 装置示意图

9.2.3 试桩桩头制作。检测单位应提供试验桩桩头处理方案和图纸。混凝土灌注桩应先凿除桩顶部的松散层。桩头顶面应平整,桩头中轴线与桩身上部的中轴线应重合。桩头主筋应全部直通至桩顶混凝土保护层之下,各主筋应在同一高度上。距桩顶1倍桩径范围内,宜用厚度为 3~5mm 的钢板围裹或距桩顶 1.5 倍桩径范围内设置箍筋,间距不宜大于 100mm。桩顶应设置钢筋网片 2～3 层,间距 60～100mm。桩头混凝土强度等级宜比桩身混凝土提高 1～2 级,且不得低于 C30。处理后的试桩桩顶标高宜低于地面 100～200mm。试桩桩头处理示意如图 9.2.2 所示。

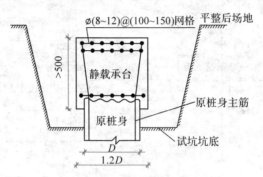

（a）小吨位试桩桩头处理示意图

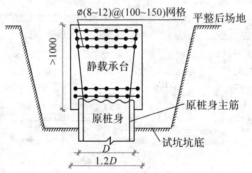

（b）大吨位试桩桩头处理示意图

图 9.2.2　试桩桩头处理示意图(单位:mm)

9.2.4　压重宜在检测前一次性加足,并均匀稳固地放置于平台上,且压重施加于地基的压应力不宜大于地基承载力特征值的 1.5 倍。但对于大吨位静载试验桩,当施工场地不能满足要求时,检测单位应提出场地地基处理方案,对试桩周围 40～50m² 场地进行加固处理,确保安全。场地道路的强度满足 25t 吊车及 50t 运输车通行。

9.2.5 试验加卸载方式应符合下列规定:

1)加载应分级进行,采用逐级等量加载;分级荷载宜为最大加载值或预估极限承载力的 1/10,其中第一级可取分级荷载的 2 倍。

2)卸载应分级进行,每级卸载量取加载时分级荷载的 2 倍,逐级等量卸载。

3)加、卸载时应使荷载传递均匀、连续、无冲击,每级荷载在维持过程中的变化幅度不得超过分级荷载的 ±10%。

9.2.6 为设计提供依据的单桩竖向抗压静载试验应采用慢速维持荷载法。工程桩验收检测宜采用慢速维持荷载法。当有成熟的地区经验时,也可采用快速维持荷载法。

9.2.7 慢速维持荷载法试验步骤应符合下列规定:

1)每级荷载施加后按第 5、15、30、45、60min 测读桩顶沉降量,以后每隔 30min 测读一次。

2)试桩沉降相对稳定标准:每 1 小时内的桩顶沉降量不超过 0.1mm,并连续出现两次(从分级荷载施加后的第 30min 开始,按 1.5h 连续 3 次每 30min 的沉降观测值计算)。

3)当桩顶沉降速率达到相对稳定标准时,再施加下一级荷载。

4)卸载时,每级荷载维持 1h,按第 15、30、60min 测读桩顶沉降量后,即可卸下一级荷载。卸载至零后,应测读桩顶残余沉降量,维持时间为 3h,测读时间为第 15、30min,以后每隔 30min 测读一次。

9.2.8 快速维持荷载法试验步骤应符合下列规定:

1)加载步骤:每级荷载施加后按第 5、15、30min 测读桩顶沉降量,以后每隔 15min 测读一次。

2)试桩沉降相对稳定标准:加载时每级荷载维持时间不少于 1 小时,是否延长维持荷载时间应根据桩顶沉降收敛情况确定。最后 15min 时间间隔的桩顶沉降增量小于相邻 15min 时间间隔的桩顶沉降增量认为桩顶沉降收敛。

3）当桩顶沉降速率达到相对稳定标准时，再施加下一级荷载。

4）卸载时，每级荷载维持 15min，按第 5、15min 测读桩顶沉降量；卸载至零后，应测读桩顶残余沉降量，维持时间为 2h，测读时间为第 5、10、15、30min，以后每隔 30min 测读一次。

9.2.9　当出现下列情况之一时，可终止加载：

1）某级荷载作用下，桩顶沉降量大于前一级荷载作用下沉降量的 5 倍，且桩顶总沉降量超过 40mm。

2）某级荷载作用下，桩顶沉降量大于前一级荷载作用下沉降量的 2 倍，且经 24h 尚未达到相对稳定标准。

3）已达到设计要求的最大加载值。

4）当工程桩作锚桩时，锚桩上拔量已达到允许值且桩顶沉降达到相对稳定标准。

5）当荷载—沉降曲线呈缓变型时，可加载至桩顶总沉降量 60～80mm；在特殊情况下，可根据具体要求加载至桩顶累计沉降量超过 80mm。

9.2.10　检测数据的整理：

1）确定单桩竖向抗压承载力时，应绘制竖向荷载—沉降（Q-s）曲线、沉降—时间对数（s-$\lg t$）曲线，需要时也可绘制其他辅助分析所需曲线。实测曲线如图 9.2.3 所示。

2）当进行桩身应变和桩身截面位移测定时，应整理出有关数据的记录表，并按规范要求绘制桩身轴力分布图、计算不同土层的分层侧阻力和端阻力值。

9.2.11　单桩竖向抗压极限承载力确定：

1）根据沉降随荷载变化的特征确定：对于陡降型 Q-s 曲线，取其发生明显陡降的起始点对应的荷载值。

2）根据沉降随时间变化的特征确定：取 s-$\lg t$ 曲线尾部出现明

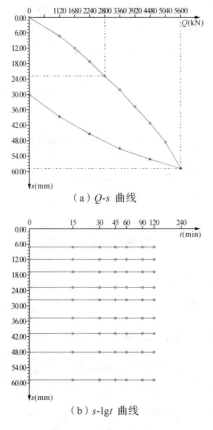

（a）Q-s 曲线

（b）s-lgt 曲线

图 9.2.3　实测曲线图

显向下弯曲的前一级荷载值。

　　3）某级荷载作用下，桩顶沉降量大于前一级荷载作用下沉降量的 2 倍，且经 24h 尚未达到相对稳定标准，取前一级荷载值。

　　4）对于缓变型 Q-s 曲线可根据桩顶总沉降量确定，宜取 $s=$ 40mm 对应的荷载值；对直径大于或等于 800mm 的桩，可取 $s=$ 0.05D（D 为桩端直径）对应的荷载值；对于桩长 40～60m 时，取 $s=$

50mm 所对应的荷载值;当桩长大于 60m 时,取 $s=60$mm 所对应的荷载值。

5)当按 9.2.11 第 1)~4)款不能确定时,桩的竖向抗压极限承载力宜取最大加载值。

9.2.12 为设计提供依据的试验桩竖向抗压极限承载力统计取值:

1)参加统计的试验结果满足极差不超过平均值的 30% 时,取其平均值为单桩竖向抗压极限承载力。

2)极差超过平均值的 30% 时,应分析极差过大的原因,结合桩型、施工工艺、地基条件、基础型式等工程具体情况综合确定极限承载力,必要时可增加试桩数量。

3)试验桩数量为 2 根或桩基承台下的桩数小于或等于 3 根时,应取低值。

9.2.13 单桩竖向抗压承载力特征值应按单桩竖向抗压极限承载力的 50% 取值。

9.3 单桩竖向抗拔静载试验

9.3.1 高耸建(构)筑物往往承受较大的水平力,导致部分桩承受上拔力,多层地下室的底板也会承受较大水浮力,而抗拔桩是重要的措施。单桩竖向抗拔承载力计算在理论上没有得到很好解决,因此静载试验就显得相当重要。

9.3.2 为设计提供依据的试验桩应加载至桩侧岩土阻力达到极限状态或桩身材料达到设计强度;工程桩验收检测时,施加的上拔荷载不得小于单桩竖向抗拔承载力特征值的 2.0 倍或使桩顶产生的上拔量达到设计要求的限值。当抗拔承载力受抗裂条件控制时,可按设计要求确定最大加载值。

9.3.3 抗拔桩试验加载装置分为两类,如图 9.3.1 所示。

9.3.4 单桩竖向抗拔静载试验应采用慢速维持荷载法。需

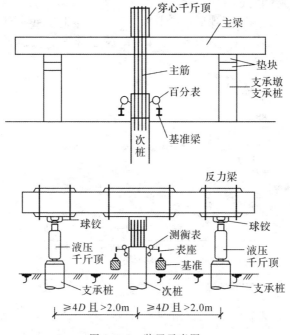

图 9.3.1　装置示意图

要时,也可采用多循环加、卸载方法或恒载法。慢速维持荷载法的加卸载分级、试验方法及稳定标准与抗压试验相同。并仔细观察桩身混凝土开裂情况。

9.3.5　当出现下列情况之一时,可终止加载:

1)在某级荷载作用下,桩顶上拔量大于前一级上拔荷载作用下的上拔量 5 倍。

2)按桩顶上拔量控制,累计桩顶上拔量超过 100mm。

3)按钢筋抗拉强度控制,桩顶上拔荷载达到钢筋强度标准值的 0.9 倍。

4)对于工程桩验收检测,达到设计或抗裂要求的最大上拔量或上拔荷载值。

9.3.6　数据整理应绘制上拔荷载—桩顶上拔量(U-δ)关系曲线和桩顶上拔量—时间对数(δ-lg$t$)关系曲线。实测曲线如图9.3.2所示。

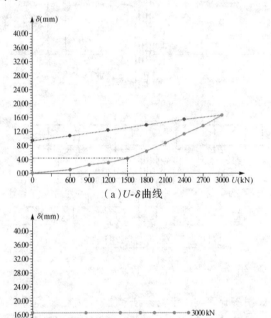

（a）U-δ曲线

（b）δ-lg$t$ 曲线

图 9.3.2　实测曲线

9.3.7　单桩竖向抗拔极限承载力确定

1)根据上拔量随荷载变化的特征确定:对陡变型 U-δ 曲线,取陡升起始点对应的荷载值。

2)根据上拔量随时间变化的特征确定:取 δ-lg$t$ 曲线斜率明显变陡或曲线尾部明显弯曲的前一级荷载值。

3)当在某级荷载下抗拔钢筋断裂时,取其前一级荷载值。

9.3.8 单桩竖向抗拔承载力特征值应按单桩竖向抗拔极限承载力的一半取值。当工程桩不允许带裂缝工作时,取桩身开裂的前一级荷载作为单桩竖向抗拔承载力特征值,并与按极限荷载一半取值确定的承载力特征值相比取小值。

9.4 单桩水平静载试验

9.4.1 单桩水平静载试验是采用接近于水平荷桩实际工作条件的试验方法。桩土体系的破坏机理及工作状态分为刚性短桩和弹性长桩两种。

9.4.2 本方法适用于检测单桩的水平承载力,推定地基土水平抗力系数的比例系数。

9.4.3 水平推力加载装置宜采用卧式油压千斤顶,加载能力不得小于最大试验荷载的 1.2 倍。水平推力加载装置如图 9.4.1 所示。

9.4.4 单桩的水平临界荷载根据检测数据整理绘制的曲线图,按下列方法综合确定:

1)取单向多循环加载法时的 H-t-Y_0 曲线或慢速维持荷载法时的 H-Y_0 曲线出现拐点的前一级水平荷载值。

2)取 H-$\Delta Y_0/\Delta H$ 曲线或 lg$H$-lgY_0 曲线上第一拐点对应的水平荷载值。

3)取 H-σ_s 曲线第一拐点对应的水平荷载值。

9.4.5 单桩水平极限承载力确定:

1)取单向多循环加载法时的 H-t-Y_0 曲线产生明显陡降的前一级或慢速维持荷载法时的 H-Y_0 曲线发生明显陡降的起始点对应的水平荷载值。

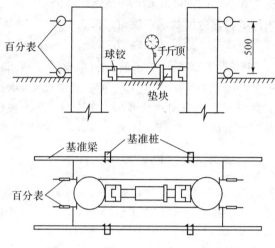

图 9.4.1　水平推力加载装置示意图

2)取慢速维持荷载法时的 Y_0-lg$t$ 曲线尾部出现明显弯曲的前一级水平荷载值。

3)取 H-$\Delta Y_0/\Delta H$ 曲线或 lg$H$-lgY_0 曲线上第二拐点对应的水平荷载值。

4)取桩身折断或受拉钢筋屈服时的前一级水平荷载值。

9.4.6　单桩水平承载力特征值的确定：

1)当水平承载力按桩身强度控制时,取水平临界荷载统计值为单桩水平承载力特征值。

2)桩受长期水平荷载作用且不允许开裂时,取水平临界荷载统计值的 0.8 倍作为单桩水平承载力特征值。

9.5　基桩承载力自平衡法

9.5.1　基桩自平衡检测法是利用桩自身反力的平衡实现对桩身的加载,是接近于竖向抗压(抗拔)桩的实际工作条件的一种试验方法,可确定单桩竖向抗压(抗拔)极限承载力和桩周土层的极限侧摩阻力、桩端土的极限端阻力。

9.5.2 本方法适用于黏性土、粉土、砂上、岩层中桩身直径大于 600mm 的钻孔灌注桩,尤其适用于传统静载试桩难以实现的工程试桩,比如水上工程、坡地工程、基坑底工程、狭窄场地工程、超高承载力工程等试桩。当埋设有测量桩身应力、应变、桩底反力的传感器和位移杆时,可测定桩的分层侧阻力、端阻力和桩身截面的位移量。

9.5.3 对工程桩抽样检测时,加载量不应小于设计要求的单桩承载力特征值的 2.0 倍。抽样数量在同一条件下试桩数量不宜少于总桩数的 1%,工程总桩数在 50 根以内时不应少于2 根。

9.5.4 装置方法,自平衡测桩法的主要装置是一种经特别设计可用于加载的荷载箱。装置示意如图 9.5.1 所示。

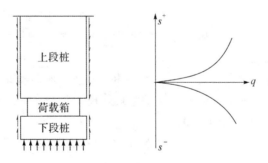

图 9.5.1 装置示意图

9.5.5 荷载箱的位置必须根据地质条件、桩形、测试要求等因素来确定,即找准桩的"平衡点"。"平衡点"为荷载箱上段桩身向上抗拔力与荷载箱下段桩向下侧阻力、桩端阻力之和相等的位置。当上部阻力不够时,应配置人工荷载满足平衡要求。

9.5.6 根据测试数据绘出相应的"向上的力与位移图"及"向下的力与位移图",根据两条 Q-s 曲线及相应的 s-$\lg t$、s-$\lg Q$ 曲线,可分别求得荷载箱上段桩及下段桩的极限承载力。

9.5.7 单桩竖向抗压极限承载力 Q_u 确定：

将上段桩极限承载力经一定处理后与下段桩极限承载力相加即为单桩的极限承载力 Q_u。

$$Q_u = \frac{Q_u^u - G}{\gamma} + Q_u^d$$

式中：对于黏性土、粉土：$\gamma = 0.8$，对于砂土：$\gamma = 0.7$，对于岩石：$\gamma = 1.0$；

Q_u^u——上段桩极限承载力；

Q_u^d——下段桩极限承载力；

G——荷载箱上部桩自重标准值。

9.6 钻芯法

9.6.1 本方法适用于检测混凝土灌注桩的桩长、桩身混凝土强度、桩底沉渣厚度和桩身完整性，判定或鉴别桩端持力层岩土性状。受检桩桩径不宜小于 800mm、长径比不宜大于 30。

9.6.2 对桩长≤30m 的端承桩，应进行取芯检测。检测数量，同一条件下不应少于总桩数的 1%，且不少于 3 根；当总桩数小于 50 根时，不应少于 2 根。

9.6.3 每根受检桩的钻芯孔数、钻孔位置、钻孔设备安装钻进等应符合下列规定：

1）桩径小于 $\varnothing$1200mm 的桩钻 1 孔，桩径 $\varnothing$1200～$\varnothing$1600mm 的桩钻 2 孔。

2）当钻芯孔为 1 个时，钻孔位置宜距桩中心 100～150mm 的位置开孔；当钻芯孔为 2 个时，钻孔位置宜距桩中心 $0.15d$～$0.25d$（d 为桩径）范围内的均匀对称布置。

3）对桩身持力层的钻探，每根受检桩不应少于 1 孔，且钻探深度应满足设计要求。

4)钻机设备安装应周正、稳固、底座水平。钻机立轴中心、天车中心与孔口中心必须在同一铅直线上。

9.6.4 应截取抗压芯样试件,其符合下列要求:

1)当桩长为 10～30m 时,每孔截取 3 组芯样。

2)当桩长小于 10m 时,可取 2 组;当桩长大于 30m 时,不少于 4 组。

3)当桩端持力层为中、微风化岩层且岩芯可制作成试件时,应在接近桩底部位 1m 内截取岩石芯样;遇分层岩性时宜在各层取样。

9.6.5 混凝土芯样试件抗压强度试验后,当发现芯样试件平均直径小于 2 倍试件内混凝土粗骨料最大粒径,且强度值异常时,该试件的强度值不得参与统计平均。

9.6.6 混凝土芯样试件抗压强度应按下列公式计算:

$$f_{\text{cor}} = \frac{4P}{\pi d^2} \tag{9.6.1}$$

式中:f_{cor}——混凝土芯样试件抗压强度(MPa),精确至 0.1MPa。

P——芯样试件抗压试验测得的破坏荷载(N)。

d——芯样试件的平均直径(mm)。

混凝土芯样试件抗压强度可按地方标准规定的折算系数取值对式(9.6.1)的计算结果进行修正。

9.6.7 每根受检桩混凝土芯样试件抗压强度,应按下列规定确定:

1)取一组 3 块试件强度值的平均值为该组混凝土芯样试件抗压强度检测值。

2)同一受检桩同一深度部位有两组或两组以上混凝土芯样试件抗压强度检测值时,取其平均值为该桩该深度处混凝土芯样试件抗压强度检测值。

3)同一受检桩不同深度位置的混凝土芯样试件抗压强度检测

值中的最小值为该桩混凝土芯样试件抗压强度检测值。

9.6.8 桩端持力层性状应根据持力层芯样特征、结合岩石芯样单轴抗压强度检测值、动力触探或标准贯入试验结果进行综合判定或鉴别。

9.6.9 桩身完整性类别应结合钻芯孔数、现场混凝土芯样特征、芯样试件抗压强度试验结果，可用表 9.6.1 的特征进行综合判定。

表 9.6.1 桩身完整性类别判定

类 别	分类原则与特征
Ⅰ类桩	桩身完整 混凝土芯样连续、完整、表面光滑、胶结好、骨科分布均匀、呈长柱状、断口吻合、芯样侧面仅具少量气孔
Ⅱ类桩	桩身有轻微缺陷，不会影响桩身结构承载力的正常发挥 混凝土芯样连续、完整、胶结较好、骨科分布基本均匀、呈柱状、断口基本吻合、芯样侧面局部见蜂窝麻面、沟槽
Ⅲ类桩	桩身有明显缺陷，对桩身结构承载力有影响 大部分混凝土芯样胶结较好，无松散、夹泥或分层现象，但有下列情况之一： 芯样局部破碎且破碎长度不大于 10cm； 芯样骨料分布不均匀； 芯样多呈短柱状或块状； 芯样侧面蜂窝麻面、沟槽连续
Ⅳ类桩	桩身存在严重缺陷 钻进很困难 芯样任一段松散、夹泥或分层 芯样局部破碎且破碎长度大于 10cm

9.6.10 成桩质量评价应按单根受检桩进行。当出现下列情况之一时，应判定该受检桩不满足设计要求：

1)桩身完整性类别为Ⅳ类的桩。

2)混凝土芯样试件抗压强度检测值小于混凝土设计强度等级。

3)桩长、桩底沉渣厚度不满足设计或规范要求。

4)桩底持力层岩土性状（强度）或厚度不满足设计或规范要求。

9.7 低应变法

9.7.1 本方法适用于检测混凝土桩的桩身完整性，判定桩身缺陷的程度及位置。有效检测桩长范围应通过现场试验确定，在温州地区有效桩长不宜超过 60m。

9.7.2 检测仪器、激振设备的主要技术性能指标以及现场检测应符合有关规定要求。传感器安装点和激振（锤击）点布置，如图 9.7.1 所示。

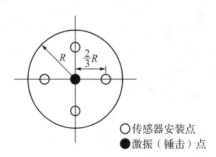

○传感器安装点
●激振（锤击）点

图 9.7.1 传感器安装点、激振（锤击）点布置示意图

9.7.3 受检桩桩顶的混凝土质量、截面尺寸应与桩身设计条件基本一致。灌注桩应凿去桩顶浮浆或松散、破损的部分，直至露出坚硬的混凝土表面；桩顶表面应平整干净、无积水，并将敲击点和传感器安装点磨平。

9.7.4 桩身波速平均值按下述方法确定：

1)当桩长已知、桩底反射信号明确时，在地基条件、桩型、成桩

工艺相同的基桩中,选取不少于 5 根Ⅰ类桩的桩身波速值按下式计算其平均值:

$$c_m = \frac{1}{n} \sum_{i=1}^{n} c_i \qquad (9.7.1)$$

$$c_i = \frac{2000L}{\Delta T} \qquad (9.7.2)$$

$$c_i = 2L \cdot \Delta f \qquad (9.7.3)$$

式中:c_m——桩身波速的平均值(m/s);

c_i——第 i 根受检桩的桩身波速值(m/s),且 $|c_i - c_m|/c_m$ 不宜大于 5%;

L——测点下桩长(m);

ΔT——速度波第一峰与桩底反射波峰间的时间差(ms);

Δf——幅频曲线上桩底相邻谐振峰间的频差(Hz);

n——参加波速平均值计算的基桩数量($n \geqslant 5$)。

2)当无法按上款确定时,波速平均值可根据本地区相同桩型及成桩工艺的其他桩基工程的实测值,结合桩身混凝土的骨料品种和强度等级综合确定。

9.7.5 桩身缺陷位置计算:

$$x = \frac{1}{2000} \cdot \Delta t_x \cdot c \qquad (9.7.4)$$

$$x = \frac{1}{2} \cdot \frac{c}{\Delta f'} \qquad (9.7.5)$$

式中:x——桩身缺陷至传感器安装点的距离(m);

Δt_x——速度波第一峰与缺陷反射波峰间的时间差(ms);

c——受检桩的桩身波速(m/s),无法确定时用 c_m 值替代;

$\Delta f'$——幅频信号曲线上缺陷相邻谐振峰间的频差(Hz)。

9.7.6 桩身完整性类别应结合缺陷出现的深度、测试信号衰减特性以及设计桩型、成桩工艺、地基条件、施工情况,按表 9.7.1 所列实测时域或幅频信号特征进行综合分析判定。图 9.7.2 所示为典型的完整桩和缺陷桩时域或幅频信号。

表 9.7.1　桩身完整性判定

类别	时域信号特征	幅频信号特征
Ⅰ	$2L/c$ 时刻前无缺陷反射波，有桩底反射波	桩底谐振峰排列基本等间距，其相邻频差 $\Delta f \approx c/(2L)$
Ⅱ	$2L/c$ 时刻前出现轻微缺陷反射波，有桩底反射	桩底谐振峰排列基本等间距，其相邻频差 $\Delta f \approx c/(2L)$，轻微缺陷产生的谐振峰与桩底谐振峰之间的频差 $\Delta f' > c/(2L)$
Ⅲ	有明显缺陷反射波，其他特征介于Ⅱ类和Ⅳ类之间	
Ⅳ	$2L/c$ 时刻前出现严重缺陷反射波或周期性反射波，无桩底反射波；或因桩身浅部严重缺陷使波形呈现低频大振幅衰减振动，无桩底反射波	缺陷谐振峰排列基本等间距，相邻频差 $\Delta f' > c/(2L)$，无桩底谐振峰；或因桩身浅部严重缺陷只出现单一谐振峰，无桩底谐振峰

注：对同一场地，地基条件相近、桩型和成桩工艺相同的基桩，因桩端部分桩身阻抗与持力层阻抗相匹配导致实测信号无桩底反射波时，可按本场地同条件下有桩底反射波的其他桩实测信号判定桩身完整性类别。

9.8　高应变法

9.8.1　本方法适用于检测基桩的竖向抗压承载力和桩身完整性。当进行灌注桩的竖向抗压承载力检测时，应具有现场实测经验和本地区相近条件下的可靠对比验证资料。本方法不适用于：

1)为设计提供依据的基桩试验。

2)施工前未进行过单桩静载试验的建筑桩基甲级的工程桩检测。

3)复杂地基的建筑桩基的工程桩检测。

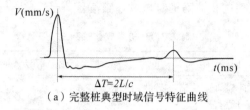

（a）完整桩典型时域信号特征曲线

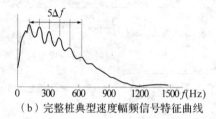

（b）完整桩典型速度幅频信号特征曲线

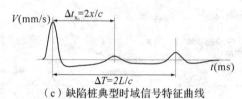

（c）缺陷桩典型时域信号特征曲线

（d）缺陷桩典型速度幅频信号特征曲线

图 9.7.2　典型曲线

4）对于大直径扩底桩和预估 Q-s 曲线具有缓变型特征的大直径灌注桩。

9.8.2　检测仪器、锤击设备、精密水准仪的主要技术性能指标，现场检测技术等应符合有关规定要求。重锤应形状对称，高径

（宽）比不得小于 1。锤的重量不得小于单桩竖向抗压承载力极限值的 1.0%。

9.8.3　传感器的安装如图 9.8.1 所示，实测曲线如图 9.8.2 所示。

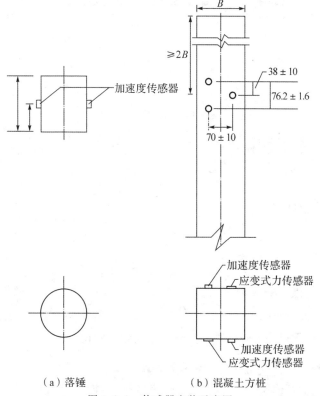

加速度传感器

≥2B

38±10

76.2±1.6

70±10

加速度传感器
应变式力传感器

加速度传感器
应变式力传感器

（a）落锤　　　　　　（b）混凝土方桩

图 9.8.1　传感器安装示意图

9.8.4　单桩承载力，宜按下列规定确定：

1）先确定桩身波速和计算材料弹性模量；

2）调整锤击力信号；

3）CASE 法（凯司法）适用于中、小直径，且桩身材质、截面应基本均匀的桩。阻尼系数 J_c 取值应合理。

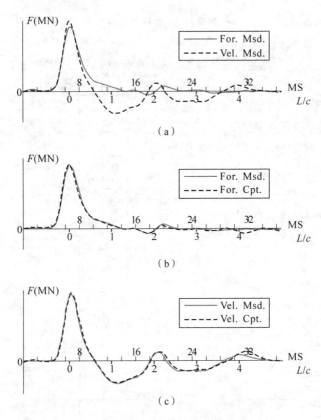

图 9.8.2　实测曲线和相应拟合曲线图

4) 实测曲线拟合法判定桩承载力。

构造具体迭代格式时，涉及桩模型、土体阻力模型以及桩土的相互作用问题。对于桩，实测曲线拟合法采用 Rausche 和 Goble 提出的 CAPWAP/C 所描述的连续杆件模型理论，推算出桩承载力。

9.8.5　桩身完整性判定

通过计算得出桩身完整性系数 β 和桩身缺陷位置 x。根据表 9.8.1 判定桩身完整性。

表 9.8.1 桩身完整性判定

类 别	β 值
I	$\beta=1.0$
II	$0.8 \leqslant \beta < 1.0$
III	$0.6 \leqslant \beta < 0.8$
IV	$\beta < 0.6$

9.9 声波透射法

9.9.1 适用于混凝土灌注桩的桩身完整性检测,判定桩身缺陷的位置、范围和程度。根据温州地区实际情况,当桩径≥700mm且桩长 L≥60m 的工程桩验收,应采用声波透射法抽检桩身完整性。

9.9.2 声波透射法检测数量,应符合下列规定:

1)建筑桩基设计等级为甲级,或地基条件复杂的基桩,声测管埋管数量不小于总桩数的 30%,检测比例不小于埋管总桩数的 100%,且不小于 20 根。

2)除上款外的其他工程,声测管埋管数量不小于总桩数的 10%,检测比例不小于埋管总桩数的 50%,且不小于 10 根。

3)埋设声测管的桩位宜均匀分布,同时设计人员认为重要的桩应有足够检测数量。

9.9.3 声测管埋设应符合下列规定:

1)声测管应采用金属管,如采用钢管、镀锌管等管材,不宜采用 PVC 管。内径不宜小于 40mm,管壁厚不宜小于 2.0mm,内径比换能器外径大 15mm。

2)声测管应下端封闭,上端加盖,管内无异物;声测管应牢固焊接或绑扎在钢筋笼内侧,相互平行、定位准确;声测管连接应采用螺口连接或外加套筒焊接方式进行;连接处应光滑过渡,不漏水;测试时管内应注满清水。

3)管口应高出桩顶 100mm 以上,且各声测管管口高度应一致。

9.9.4　声测管应沿钢筋笼内侧呈对称形状布置(见图 9.9.1),并依次编号。声测管埋设数量应符合下列规定:

1)当桩径 700mm≤D≤1000mm 时,按对称布置埋设 2 根声测管。

2)当桩径 1000mm<D≤2000mm 时,按等边三角形布置埋设 3 根声测管。

3)当桩径 D>2000mm 时,按正方形布置埋设 4 根声测管。

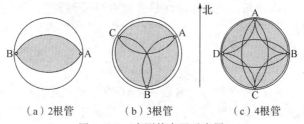

（a）2根管　　　　（b）3根管　　　　（c）4根管

图 9.9.1　声测管布置示意图

9.9.5　现场检测通常采用平测方法,当平测发现异常时,采用斜测和扇形扫测对异常情况进行进一步判定与定位。平测、斜测和扇形扫测如图 9.9.2 所示。

9.9.6　实测曲线如图 9.9.3 所示。

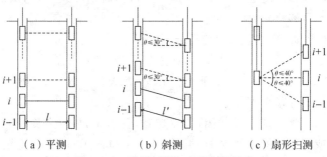

（a）平测　　　　　（b）斜测　　　　　（c）扇形扫测

图 9.9.2　平测、斜测、扇形扫测示意

9.9.7　检测数据分析与判定当因声测管倾斜导致声速数据

工程名称	德效东路1号桥		基桩名称		YO-8	北
施工桩长	55.50m	设计桩径	1200mm	设计径度	C30	
浇筑日期	2013年11月15日	测试日期	2014年04月24日	监测依据	JGJ 106-2003	

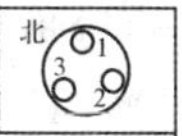

内 定	1-2：800mm		1-3：680mm		2-3：650mm	
	声渣 km/s	幅度 d8	声渣 km/s	幅度 d8	声渣 km/s	幅度 d8
最大值	4.784	126.94	4.956	133.17	5.096	134.19
最小值	4.237	116.61	4.583	123.67	4.580	122.85
平均值	4.4732	120.907	4.7841	127.722	4.7799	127.834
标准差	0.1365	1.963	0.0827	2.026	0.0836	2.286
临界值1	4.1128	114.907	4.5658	121.722	4.5592	121.834

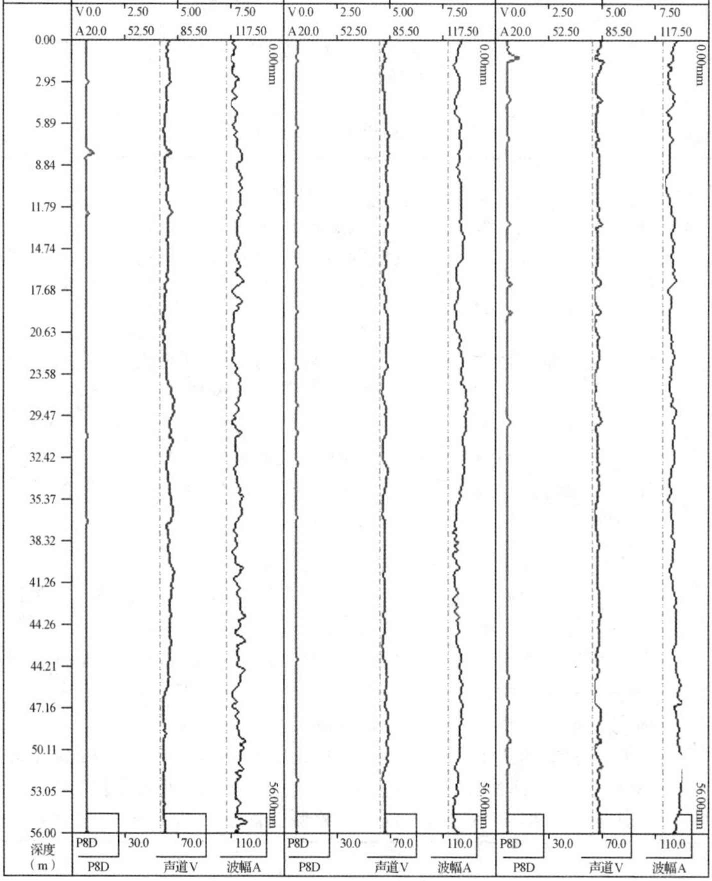

图 9.9.3 实测曲线

有规律地偏高或偏低变化时,应先对管距进行合理修正,然后对数据进行统计分析。当采用平测时,各声测线的声时 $t_{ci}(j)$、声速 $v_i(j)$、波幅 $A_{pi}(j)$ 及主频 $f_i(j)$ 应根据现场检测数据,通过计算,绘制声速-深度($v_i(j)$-z)曲线和波幅-深度($A_{pi}(j)$-z)曲线。

9.9.8 确定声速、波幅、PSD值正常值与异常值。

9.9.9 桩身完整性类别应结合桩身缺陷处声测线的声学特征、缺陷的空间分布范围以及接收波形畸变程度(见图9.9.4)。按表9.9.1的特征进行综合判定。

表 9.9.1 桩身完整性判定

类 别	特 征
Ⅰ类	所有声测线声学参数无异常,接收波形正常; 存在声学参数轻微异常、波形轻微畸变的异常声测线,异常声测线在任一检测剖面的任一区段内纵向不连续分布,且在任一深度横向分布的数量小于检测剖面数量的一半
Ⅱ类	存在声学参数轻微异常、波形轻微畸变的异常声测线,异常声测线在一个或多个检测剖面的一个或多个区段内纵向连续分布,或在一个或多个深度横向分布的数量大于或等于检测剖面数量的一半; 存在声学参数明显异常、波形明显畸变的异常声测线,异常声测线在任一检测剖面的任一区段内纵向不连续分布,且在任一深度横向分布的数量小于检测剖面数量的一半
Ⅲ类	存在声学参数明显异常、波形明显畸变的异常声测线,异常声测线在一个或多个检测剖面的一个或多个区段内纵向连续分布,但在任一深度横向分布的数量小于检测剖面数量的一半; 存在声学参数明显异常、波形明显畸变的异常声测线,异常声测线在任一检测剖面的任一区段内纵向不连续分布,但在一个或多个深度横向分布的数量大于或等于检测剖面数量的一半; 存在声学参数严重异常、波形严重畸变或声速低于低限值的异常声测线,异常声测线在任一检测剖面的任一区段内纵向不连续分布,且在任一深度横向分布的数量小于检测剖面数量的一半

类　　别	特　征
Ⅳ类	存在声学参数明显异常、波形明显畸变的异常声测线,异常声测线在一个或多个检测剖面的一个或多个区段内纵向连续分布,且在一个或多个深度横向分布的数量大于或等于检测剖面数量的一半; 存在声学参数严重异常、波形严重畸变或声速低于低限值的异常声测线,异常声测线在一个或多个检测剖面的一个或多个区段内纵向连续分布,或在一个或多个深度横向分布的数量大于或等于检测剖面数量的一半

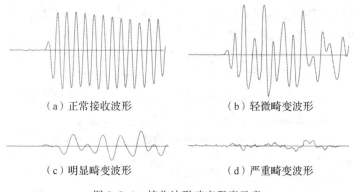

（a）正常接收波形　　　　　　（b）轻微畸变波形

（c）明显畸变波形　　　　　　（d）严重畸变波形

图 9.9.4　接收波形畸变程度示意

9.10　基桩钢筋笼长度磁测井法

9.10.1　磁测井法是利用地壳内岩(矿)体之间的磁性差异所引起的地磁场变化(磁异常)来寻找有用矿产资源和查明地下地质构造的一种物探方法。磁场强度在国际单位制(SI)中的单位为特〔斯拉〕,符号为 T。由于特〔斯拉〕单位太大,常用更小的单位纳特(nT)来表示,$1nT=10^{-9}T$。

9.10.2　对检测钢筋笼长度时,正常场为在钢筋笼设置前该处的地磁场,而异常场即是指由于钢筋笼的存在而产生的局部磁异常。而钢筋笼的上下面就是一个磁性介质的分界面,因此可以采用磁测井法进行探测。

9.10.3 检测数量。对施工资料不全、施工质量有疑问的工程,探测数量不宜小于总桩数的 1‰,且不应少于 3 根。当发现有问题时,应当根据实际情况扩大检测。

9.10.4 探测孔的成孔位置的选择直接关系到探测成果的有效性,在桩中成孔宜尽量靠近桩中心,以确保探测孔不偏出桩外;在桩侧成孔则应以尽量靠近受检桩的原则,要求探测孔与受检桩外侧边缘间距不宜大于 1.0m,并尽量远离非受检桩,确保被探测桩钢筋笼信号影响最强,而非受检桩钢筋笼的干扰信号最弱,同时考虑成孔的可行性。垂直度偏差不应大于 1°。探测孔深度不宜超过 80m。探测孔内径应大于传感器外径,探测孔底标高应低于被探测钢筋笼底标高 3.0m。测试管应采用无磁性管,测试管应封底。

9.10.5 当现场操作环境不符合仪器设备使用要求时,应停止探测,待满足要求后,重新探测。

9.10.6 检测方法。磁测井法的探测方法分桩内成孔和桩侧成孔两种),如图 9.10.1 所示。

9.10.7 数据整理分析

根据实测磁场垂直分量(Z)曲线下端平坦的 Z 值来判断测区磁场垂直分量背景值 Z_0,如图 9.10.2 所示。

$$\frac{\mathrm{d}Z}{\mathrm{d}h} = (Z_2 - Z_1)/h \qquad (9.10.1)$$

式中:$\dfrac{\mathrm{d}Z}{\mathrm{d}h}$——磁场垂直分量梯度值(nT/m);

Z_1、Z_2——上下测点的实测磁场垂直分量强度值(nT);

h——上下测点的测点距(m)。

9.10.8 钢筋笼底端深度应根据实测垂直分量曲线,并结合磁场垂直分量梯度曲线,进行综合判定。

1)根据深度-磁场垂直分量(Z-h)曲线确定时,取深度—磁场垂

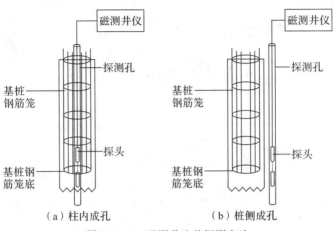

（a）柱内成孔　　　　　（b）桩侧成孔

图 9.10.1　磁测井法的探测方法

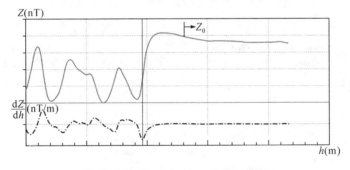

图 9.10.2　$Z\text{-}h$、$\mathrm{d}Z/\mathrm{d}h\text{-}h$ 曲线示意图

注：磁场垂直分量梯度值 $\mathrm{d}Z/\mathrm{d}h$ 计算。

直分量（$Z\text{-}h$）曲线深部由小于背景场的极小值转变成大于背景场值的拐点（斜率最大处）所对应的深度位置。

2）根据深度—磁场垂直分量梯度（$\dfrac{\mathrm{d}Z}{\mathrm{d}h}h$）曲线确定时，取深度—磁场垂直分量梯度（$\dfrac{\mathrm{d}Z}{\mathrm{d}h}h$）曲线最深的明显极值点所对应的深度位置。

10 钻孔灌注桩工程质量验收

10.1 一般规定

10.1.1 桩基工程验收时应对桩位、桩径、桩长、钢筋笼锚固长度、桩身完整性、单桩承载力等进行检测。

10.1.2 对桩位、桩径、桩长、桩身完整性的检测宜在基础开挖、桩头凿除后进行；单桩承载力的检测宜在基础开挖前进行。

10.1.3 桩身完整性的检测，以低应变法检测为主，辅以声波透射法、钻芯法等检测方法。

10.1.4 对于桩径≥700mm 且桩长 L≥60m 的工程桩验收，应选取一定比例的桩采用声波透射法检测桩身完整性，具体详见 9.9。

10.2 桩位验收

10.2.1 基础垫层混凝土浇捣完成后，应进行桩位偏差量测，桩位中心以桩顶混凝土形心为准。

10.2.2 桩位偏差由施工单位质检员量测，并经监理工程师、设计单位结构工程师签认。

10.2.3 灌注桩的桩位允许偏差详见表 10.2.1。

表 10.2.1　钻孔灌注桩桩位允许偏差(mm)

	1~3 根桩、条形桩基沿垂直轴线方向和群桩基础中的边桩	条形桩基沿轴线方向和群桩基础中的中间桩
$D \leqslant 1000mm$	$D/6$ 且不大于 100	$D/4$ 且不大于 150
$D > 1000mm$	$100 + 1\% H$	$150 + 1\% H$

注:D 为设计桩径,H 为地面标高与设计桩顶标高的差值。

10.2.4　桩位偏差量测时,对于偏差超过允许偏差的桩,不得凿除原来桩头、弯曲钢筋笼重新制作桩头。

10.3　桩顶标高、钢筋锚固长度验收

10.3.1　桩顶松散层凿除后的桩顶标高,应符合设计要求;如设计未作要求,桩顶标高应高出承台(或筏板)底 50mm。任何情况下,桩顶标高不得低于承台(或筏板)底。

10.3.2　钢筋笼主筋锚入承台(或筏板)内的长度应符合设计要求;如设计未作要求时,承压桩主筋锚入长度不得少于 $35d$(d 为钢筋主筋的直径),详见表 10.3.1;抗拔桩主筋锚入长度与钢筋的种类、混凝土的强度等级有关,详见表 10.3.2。钢筋的锚固长度不包括桩顶锚入承台(或筏板)部分。

表 10.3.1　承压桩钢筋锚入承台(筏板)的锚固长度　　单位:mm

钢筋直径	锚固长度	钢筋直径	锚固长度	钢筋直径	锚固长度
12	420	14	490	16	560
18	630	20	700	22	770
25	875	28	980		

表 10.3.2　抗拔桩钢筋锚入承台(筏板)的锚固长度
(钢筋直径分别为 18、20、22、25mm)　　　单位:mm

钢筋型号		C25				C30				C35			
		18	20	22	25	18	20	22	25	18	20	22	25
HRB335	普通钢筋	610	680	750	850	540	600	660	750	490	540	590	680
HRB400	普通钢筋	720	800	880	1000	650	720	790	900	590	660	730	830

10.4　桩身完整性检验

10.4.1　桩身完整性检测,采用低应变法或声波透射法检测时,应在桩身混凝土灌注后至少 15 天后进行。

10.4.2　桩身完整性抽检的数量,应符合 9.1.6 的有关规定。

10.4.3　桩身完整性检测结果评价为Ⅲ、Ⅳ类的桩,应进行工程处理。

10.4.4　桩身完整性检测报告,应经设计单位结构设计负责人进行签认与评价。

10.5　桩身混凝土强度验收

10.5.1　桩顶松散层凿除后,应对桩顶混凝土质量进行目视检查。对桩头混凝土疏松、不密实的桩头,应进行工程处理。

10.5.2　与桩身混凝土灌注同步制作的混凝土试块,在养护 28 天后,应进行混凝土强度检测。试块抗压强度应满足设计要求,且不得低于设计强度等级的 85%。代表桩身混凝土检验批强度的试块应采用统计法进行评定,具体详见 7.1.12。

10.5.3　当标养混凝土试块的强度低于设计强度等级的 85% 时,应进行原位钻芯取样送检,以确定桩身混凝土的强度。

10.5.4　每一单位工程应随机选取 5～10 根桩,对桩身混凝土进行原位钻芯取样,检测混凝土实体强度。混凝土芯样的强度

与混凝土试块的强度,差值不得大于 10MPa;当混凝土芯样的强度
与混凝土试块的强度差值大于 10MPa 时,应扩大原位钻芯取样送
检比例。

10.6 单桩承载力验收

10.6.1 桩基工程施工完成后,对设计等级为甲级的桩基和
地质条件复杂、施工质量可靠性低的桩基,应随机选取一定比例的
基桩,进行单桩承载力验收检测。单桩承载力检测受检桩的选择,
应符合下列规定:

1)用于质量验收的静荷载试验桩,应随机抽取,设计单位不得
在桩位平面图中指明具体的承载力检测桩。

2)静荷载试验桩的选取,应根据桩基的施工期,均匀随机选
取。在钻孔终孔、钻具卸除后,由监理工程师会同建设单位的工程
师共同确定静荷载试验桩。

10.6.2 静荷载试验桩的数量,应符合 9.1.7 的规定。

10.7 桩基工程质量验收

10.7.1 桩基工程质量验收,应提交下列资料:

1)岩土工程勘察报告、桩基施工图、施工图会审纪要、设计变
更单等。

2)经审定的施工组织设计或施工方案。

3)原材料的质量证明文件、见证取样检测报告。

4)灌注桩施工记录。

5)桩基竣工图、桩位偏差记录。

6)桩身质量检测报告。

7)单桩承载力检测报告。

8)灌注桩检验批质量验收记录。

9)其他必须提供的文件和记录。

11 绿色施工与成品保护

11.1 绿色施工

11.1.1 成孔施工用水优先采用河水、湖水等非饮用水源；当使用河水、湖水等非饮用水源时，应对水质进行检验，提供相应的用水检测报告，不得使用对钢筋、混凝土有腐蚀作用的水源。

11.1.2 施工现场出入口，应设置冲洗设施、排水沟、沉砂池、污水池、储水池，对进出车辆轮胎进行冲洗。车辆冲洗用水宜设立循环用水装置，节约用水。

11.1.3 泥浆应采用密闭罐车、船舶或管道运输到制定的地点消纳，不得污染市政道路，不得排放在河道、湖泊中。

11.1.4 运输土方的车辆，应采用有遮盖的自卸车，采取措施封闭严密，保证车辆清洁，防止污染市政道路。

11.1.5 场内道路应经常洒水湿润，控制扬尘。

11.1.6 泥浆沟、泥浆池应经常清理，保证泥浆正常循环并防止外溢。

11.1.7 施工现场应设置排水系统。排水系统不得与泥浆循环系统串联，不得向排水系统排放泥浆。排水沟内的废水应经沉砂池沉淀后，才能排入市政管网。

11.1.8 加强施工机械、机具的维修保养，控制施工噪声。施工现场周围 500m 内有居民居住的，夜间（22:00～6:00）禁止施工。如确需夜间施工的，应按有关规定，办理审批手续，同时采取措施减少灯光、噪声的不利影响。

11.2 成品保护

11.2.1 桩身混凝土灌注完成后的 36h 内,在 3.0m 范围内不宜进行钻(成)孔作业。

11.2.2 露出地面的吊筋,在桩身混凝土灌注完成后的 3 天内,不得受力,不得作为钻机移位的地锚使用。

11.2.3 露出地面的注浆管,在注浆前不得堵塞、损坏。

11.2.4 桩身混凝土灌注完成后的 3 天内,在 5.0m 范围内不得挖土,桩身不得受到扰动、振动、挤压等不利影响。

11.2.5 挖土作业时,挖机抓斗不得强力碰撞桩身,防止断桩。

11.2.6 地下室土方支护的强度应能满足施工要求,防止支护强度不足造成边坡失稳,导致基桩断裂、倾斜。

11.2.7 凿除桩顶松散层时,不得采用镐头机等破坏力强的机械破碎桩头;当凿除到设计桩顶标高以上 300mm 时,宜采用人工打凿。

12 工程施工案例

12.1 温州鹿城广场塔楼桩基工程施工技术

12.1.1 工程简介

温州鹿城广场塔楼位于温州市江滨路与车站大道交叉口东北角,北临瓯江,东接高田路,塔楼地面以上 75 层,高度为 350m,地上建筑面积约 14.8 万 m²;地下 4 层,最大开挖深度 27.3m,地下建筑面积 4.84 万 m²,基坑围护方式为地下连续墙,坑底采用满堂高压旋喷桩加固与井点降水相结合,基桩形式采用机械钻孔灌注桩,基础施工单位为温州浙南地质工程有限公司,施工工期 360 天。

12.1.2 场址工程地质条件

温州鹿城广场塔楼地层特征如表 12.1.1 所示。

表 12.1.1 温州鹿城广场塔楼地层特征

层号	地层名称	层厚(m)	地层特征
①	杂填土	1.40～4.10	颜色杂,成分不均,含砖块、块石、碎石、建筑垃圾等,松散状
②	黏土	0.80～1.90	灰黄色,无层理,中—高压缩性,软塑—可塑状
③	淤泥夹粉砂	5.75～15.75	灰色,夹粉砂团块或薄层,粉砂含量在 10%～30%,中压缩性,流塑状,易流动
④	淤泥质黏土	16.5～24.15	青灰、灰色,鳞片状,高压缩性,流塑状

层号	地层名称	层厚(m)	地层特征
⑤	含黏性土粉砂	7.15～17.2	灰色,无层理,饱和,中压缩性,稍密
⑥	卵石	32.25～35.05	灰绿色,硬质火山岩,中风化,次圆状,粒径 80～120mm,大者达 150mm 以上,含量一般 50%～70%,局部达 85%,局部有粒径达 350mm 以上的漂石,低压缩性,易漏浆
⑦	粉质黏土	1.35～2.60	灰绿、灰黄色,无层理,中压缩性,可塑
⑧	卵石	3.65～7.60	灰、浅灰色,为硬质火山岩,呈中风化,次圆状,粒径 60～100mm,大者达 120mm 以上,含量一般 55%～75%,低压缩性,中密
⑨	粉质黏土	8.95～18.0	灰绿、灰黄色,无层理,可塑,中密状
⑩-1	全风化闪长岩	1.05～8.60	灰绿、灰黄色,风化剧烈,中密状
⑩-2	强风化闪长岩	0.8～1.30	灰黄色,风化强烈,节理发育,较坚硬
⑩-3	中风化闪长岩	大于10.2	浅灰绿色,粒状结构,块状构造,岩质坚硬、致密,单轴饱和抗压强度平均为 87.3MPa,岩石质量指标 PQD＝60%～80%,质量等级 Ⅱ级

12.1.3 基桩设计

桩径∅1100,总桩数287根,孔深为 95～123m,桩端持力层为进入⑩-3 中风化闪长岩 500mm,对桩端进行压密注浆,注浆量 2～3t,单桩极限承载力为 28000kN,30%的桩身预埋 3 根声测管。

12.1.4 技术难点

根据地勘报告及试成孔情况,本工程主要技术难点有:

1)孔深 51～63m 为存在大量漂石,并且存在严重急性漏浆,极容易形成坍孔与缩径。

2)在卵漂石层中钻进时进尺极其困难,主要表现为钻头阻力扭矩大,钻具跳动强烈,钻头合金材料损耗严重,钻机故障率高,卵漂石频繁堵塞钻杆与砂石泵。

3)地层软硬交错,容易形成偏孔,桩孔底部基岩厚度大且硬件度高。

4)超深孔导致钢筋笼下放与水下混凝土灌注工艺复杂。

12.1.5 施工要点

针对上述技术难点,采取了系列措施,其中重点为:

1)采用人工搅拌膨润土造浆(见图 12.1.1)并加入适量泥浆处理剂(Na_2CO_3、CMC、PAM),提高泥浆黏度(大于 50S),降低泥浆失水量,同时向孔内投入黏土球,先将急性漏浆转化成可控漏浆。另外,在早期完成桩孔中先行注浆,尽量阻隔泥浆漏失线路,降低泥浆漏失速度。对钻孔桩废弃泥浆进行固液分离(见图 12.1.2),分离后的泥饼和清水进行循环利用。

图 12.1.1 人工黏土造浆   图 12.1.2 现场废浆固液分离

2)根据钻机性能特点,整个钻孔由 3 种钻机组合钻进完成,GPS-15 型钻机负责①~⑤层约 45m 孔深钻进,并完成自然造浆与泥浆性能调整;RX360 旋挖钻机(见图 12.1.3)负责⑥层中约 20m 卵漂石层钻进;余下钻孔由 GW-30 钻机(见图 12.1.4)完成,由于该部分卵砾石结构稍松,颗粒径绝大部分小于 20cm,钻头阻力相对较小,所以不容易堵塞钻具。由于采用泵吸反循环钻进工艺(见

图 12.1.5），钻进速度可达 1～1.5m/h。

图 12.1.3　RX360 旋挖钻机　　图 12.1.4　GW-30 泥浆反循环钻机

　　3）针对地层复杂，土层软硬差别较大易偏孔的特点，在筒式滚刀钻头上方约 1.5m 处再附加一导正器（见图 12.1.6），可将钻孔垂直度精度由 1/100 提高到 1/500，同时滚刀钻头又适合硬质基岩钻进，中风化基岩每小时进尺可达 10～20cm。

图 12.1.5　泵吸反循环出来的漂石样本　　图 12.1.6　加装导正器的滚刀钻头

　　4）孔口钢筋笼连接法采用直螺纹套筒连接法（见图 12.1.7），既确保钢筋笼长度与垂直度，又大幅度缩短孔口连接时间，由原来孔口焊接近 24h 缩短至 3.5～4h。由于采用泵吸反循环工艺与泥浆性能调整技术，另外，每台钻机在沉淀旁设置一台 ZX250 旋流除砂机（见图 12.1.8），定时对泥浆进行净化处理，加之终孔后停留时间短，孔底沉渣厚度小，孔壁护壁效果好，对水下混凝土灌注非常有利。

图 12.1.7　孔口钢筋直螺纹　　　图 12.1.8　X-250 泥浆净化设备
连接与应力元件安装

12.2　瓯海建设大厦大直径超深钻孔灌注桩施工实例

温州瓯海建设大厦位于温州市瓯海中心片区一期片区内,大厦建筑面积 $71450m^2$,大厦主楼高度 135m,地上 35 层地下 2 层。建筑功能为商务办公楼。桩基础施工单位为东欧建设集团基础工程公司。大厦桩基采用钻孔灌注桩,桩径 $\varnothing800\sim1500mm$ 不等,设计要求桩端持力层进入⑩₃ 中风化凝灰岩 1m 以上。工程桩单桩抗压承载力特征值为 $\varnothing800\sim4500kN$、$\varnothing1000\sim7800kN$、$\varnothing1200\sim10800kN$、$\varnothing1400\sim12400kN$、$\varnothing1500\sim15000kN$。裙房部位抗拔桩抗拔力特征值 $\varnothing800\sim1600kN$、$\varnothing1000\sim3200kN$、$\varnothing1200\sim3900kN$、$\varnothing1400\sim4300kN$。因桩基持力层起伏较大,工程桩实际施工孔深为 $73.8\sim105.6m$,折算有效桩长为 $62\sim93.6m$。工程地层表如表 12.2.1 所示。

表 12.2.1　瓯海建设大厦场址工程地质概况表

工程地质概况(按钻孔灌注桩取值)						
土层	土层名称	层底埋深(m)	层厚	F_ak (kPa)	Q_{sa} (kPa)	Q_{pa} (kPa)
①	素填土	$0.30\sim0.50$	$0.30\sim0.50$			

土层	土层名称	层底埋深(m)	层厚	F_ak (kPa)	Q_{sa} (kPa)	Q_{pa} (kPa)
②	黏土	1.30~1.90	1.30~1.60	80	10	
③₁	淤泥	15.00~15.90	13.40~14.30	45	5	
③₂	淤泥	26.60~28.90	10.90~13.50	55	8	
③₃	淤泥质黏土	38.50~42.20	10.00~13.70	75	9	
④₁	圆砾	41.80~43.80	0.70~3.50	200	38	700
④₂	粉质黏土	44.30~49.30	1.90~7.20	150	24	270
⑤₁	砾砂	48.90~50.00	0.60~4.40	190	36	600
⑤₂	黏土	61.50~64.00	11.60~17.80	120	18	150
⑥₁	砾砂	65.30~67.00	2.70~5.00	190	36	600
⑥₂	黏土	68.10~82.60	2.30~15.80	130	20	200
⑦	含碎石粉质黏土	72.30~83.00	0.10~4.80	170	28	330
⑧₁	全风化基岩	79.10~100.30	1.40~19.50	180	30	400
⑧₂	风化基岩	79.70~102.10	0.40~6.60	500	45	1800
⑧₃	中风化基岩	控制深度 85.70~107.60	控制深度 4.90~8.00	2500	150	4500

工程地质概况(按钻孔灌注桩取值)

　　该桩基工程于 2011 年 10 月 15 日至 12 月 2 日先行施工设计试桩 6 根(其中 ∅800－1 根,∅1000－1 根,∅1200－1 根,∅1400－2 根,∅1500－1 根)。为节约造价,第一根 ∅1000 的设计试桩选择了 GPS-20 回旋钻孔进行成孔施工,工程桩钻深 83m 之前,以软土层为主,施工进尺容易。之后进尺逐步变难,并将三翼钻头更换成牙轮钻头,但进尺速度缓慢。速度由入岩(强风岩)初期的 0.3~0.5m/h 退减到 0.02~0.05m/h。

该桩于 10 月 23 日孔深 83.85m 入岩(强风岩)至 11 月 3 日孔深 88.5m 终孔,入岩段成孔耗时 11 天,中途起钻修补钻头,机械修理共 3 次,折算入岩段实际成孔作业时间约 100h,成孔后期中风间段进尺 0.02～0.05m/h。入岩期间每隔 2～5h 取样一次,共计取样 33 次,累计入岩深度 4.65m,进入中风化基岩的深度不小于 2.5m。

第一根设计试桩成孔耗时长达 19 天。之后,对后续的 5 根设计试桩的成孔工艺进行调整。根据回旋、冲击钻孔机各自的成孔优势:后续 5 根桩入岩以前的软土层,采用回旋成孔工艺。入岩后采用冲击成孔工艺。这样一根 $\varnothing 1200～1500$mm 孔深 85～100m 的基桩成孔时间能控制在 7～10 天(未包括下笼浇灌时间),其中软土层 3～4 天,入岩后耗时 3～5 天。

根据设计试桩积累的施工经验,结合本工程的地质特点,经综合分析、评价,工程桩的施工选择了冲击成孔的工艺方法。单桩作业时间一般 10～15 天。由于设计孔深、孔径超常,地质相对复杂,施工难度相对很大。在成桩过程中重点做好以下几个方面的工作:

1)本工程地坪下 65～90m 为巨厚的黏性土或含碎石粉质黏土向全风化岩过渡,该层土质粘性特强,孔口处下注的清水难以快速有效送达孔底,致使孔底泥皮过厚,成孔过程中时常出现孔内粘锤,起拔困难,严重者只能下注炸药爆震,并借助大型起吊机械才能起拔。为此在该土层成孔时重点做好锤头部位的泥浆稀释,必要时投放碎砖片石,控制落锤高度与方法,确保成孔正常、高效进行。

2)本桩基受力特性为入岩端承摩擦桩,保证桩端入岩深度极为重要,成孔过程中重点做好入岩界面的评判,保证设计要求的入岩深度。入岩界面的评判,按以下三方面的原则综合评判确定:

(1)将施工界面的深度(标高)与周边地质勘探孔所对应土层

进行分析对照,误差控制在 2m 之内。

(2)界面取样的样品应与地质报告的岩样、颜色、棱角、硬度相符合。为便于正确判定桩基持力层岩土的变化动态,每隔 2h 且进尺不超过 300mm 取样一次,取样工作由施工、监理、业主三方人员到场随机抽取。

(3)界面判定前的施工进尺速度一般不宜超过 150mm/h,并保持 3h 以上稳定进尺。

上述三个条件应同时满足才能确定入岩界面。若界面确定后至终孔前出现进尺速度加快或岩样变杂现象,应重新确定界面位置。

3)钢筋笼吊放:本工程桩径、桩长都很大,桩身钢筋笼的配筋量也比较大(尤其是抗拔桩基的单节钢筋笼重量超过 1000kg,整桩钢筋自重超过 10000kg)。另外,又由于整桩钢筋笼节数多,总长达 100m,对钢筋笼的起吊安装要求自然很高。钢筋笼孔口安装选用两台 30t 以上的汽车吊进行起重作业。施工过程顺利,效果较好。

4)二次清孔:本桩基项目受力特征为端承摩擦桩,主楼部位桩基承载力极大,设计桩端承载力取值也很高,为保证桩端承载力的有效发挥,本钻孔桩的清孔采用气举反循环清孔工艺,以确保孔底沉渣小于设计要求。气举反循环清孔的具体做法是:

(1)根据桩基规格,桩孔深度选配了 v-11/7 型空气压缩机来供气清孔,以确保清孔质量、缩短清孔时间。

(2)控制空气混合器的入孔深度,混合器的入孔深度原则上按施工孔深的 1/2～2/3 控制,并在该深度范围内进行现场调试比较,选取最佳深度,取得最佳清孔效果。由于入孔气管选用轻质软管,入孔管体后浮力较大,对于入深较大(50m 以上)的深孔,采取用加大软管前端空气混合器自重的办法,确保混合器沉至预定的深度,从而保证清孔质量。

(3)合理控制反清时间。反清时间长短,可根据孔内沉渣桩孔容量以及清孔出水量综合确定。一般情况下，容量 $80\sim100\mathrm{m}^3$ 的清孔时间为 $20\sim30\mathrm{min}$。

（4）加强二清验收程序，严格执行二清验收质量标准，二清质量未达标一律不能安排桩身混凝土的浇灌。

5）桩身混凝土浇注。本桩基最大特点是：桩径大，桩孔深，单桩体量大（最大实灌方量达 $200\mathrm{m}^3$/根）。浇桩施工时重点做好以下方面的工作：

（1）科学选择浇灌导管：桩孔超深，孔底压强很大，导管选择首先考虑厚壁、优质、耐压。本工程灌注导管厚度为 5mm。然后考虑尽可能减短浇桩时间，导管直径应能大一些，本工程桩径 $\varnothing1200$ 以上的桩基配设导管直径为 $\varnothing300\mathrm{mm}$。

（2）为利于水下灌注施工的顺利进行，灌注期间施工现场高度重视对混凝土和易性的控制。在商品砼配制时特意要求混凝土公司在粗骨料中掺加一定比例的卵石，选用细度模数 2.3 以上的天然中、粗砂来确保混凝土的和易性。

（3）浇灌期间做好商品砼的及时快速供应，最大限度地缩短浇桩时间。

（4）重视浇灌埋管深度的控制，合理控制导管的埋拆深度。浇灌过程导管埋深长度一般控制在 $3\sim10\mathrm{m}$，拆拔导管前事先进行埋深测量，再确定拆管长度。导管埋深浇灌前期取高值，后期桩顶附近埋深退减至 $3\sim5\mathrm{m}$。

（5）做好桩顶砼质量的控制，根据桩长、桩径及混凝土的质量现状，将控制混凝土施工松散层厚度为 $3\sim5\mathrm{m}$。

6）设计试桩的静压测试结果：6 根设计桩，4 根抗压桩，2 根抗拔桩。最大抗压静载吨位为 30000kN，4 根抗压及 2 根抗拔试桩静载测试结果如表 12.2.1、表 12.2.2 和图 12.2.1 所示。

表 12.2.1　瓯海建设大厦单桩竖向抗压极限承载力、承载力特征值及相应沉降量确定表

试桩编号	桩长（m）	桩径（mm）	极限承载力		安全系数	承载力特征值	
			Q_u(kN)	S(mm)		R_a(kN)	S(mm)
S3#	95.60	1200	21600	29.22	2.0	10800	8.68
S4#	80.90	1400	24800	33.14	2.0	12400	11.35
S5#	89.20	1500	30000	39.61	2.0	15000	9.27
S6#	105.60	1400	24800	39.84	2.0	12400	10.39

表 12.2.2　瓯海建设大厦单桩竖向抗拔极限承载力、承载力特征值及相应上拔量确定表

试桩编号	桩长（m）	桩径（mm）	极限承载力		安全系数	承载力特征值	
			$Q_u{}'$(kN)	S(mm)		$R_a{}'$(kN)	S(mm)
S1#	88.50	1000	2520	16.36	2.0	1260	6.83
S24#	77.40	800	1960	14.89	2.0	980	1.93

图 12.2.1　30000kN 的大吨位静载试桩测试现场照片

12.3　钻孔灌注桩桩端注浆施工实例

温州市某大厦是集商贸、住房及地下车房等多种功能于一体的综合楼,占地面积 5677m²,主楼 28 层,裙房 3 层,总建筑面积约 3.2 万 m²,主楼高度 87m,设地下室 1 层,深 3.3m,框架剪力墙结构体系,设计最大柱荷载 15000kN,共有 $\varnothing$800mm 工程桩 174 根,$\varnothing$600mm 工程桩 45 根,有效桩长 62.0m,工程桩是以粒径 10~60mm(少量大于 150mm)含量为 40%~70% 的中密、低压缩卵砾石(⑥-2)层为持力层。设计要求桩端进入卵砾石层大于 3m。采用钻孔灌注桩后压力注浆,以提高桩端承载力。

12.3.1 工程地质概况

拟建场地位于温州海滨平原内,地形平坦,地貌单一,地层由杂填土、黏土、淤泥及淤泥质黏土、一般黏土、中细砂夹黏性土、砂砾混黏性土、卵砾石等组成。

12.3.2 本工程灌注桩后压浆主要设备机具

施工现场采用衡阳探矿机械制造厂生产的 BW-150 型变量注浆泵,最大排量为 150L/min,最大工作压力可达 7MPa。水泥浆液搅拌机为普通灰浆搅拌机,容量为 500L。地面高压管线采用 $\varnothing$25mm 的两层钢丝网编制高压橡胶管。另配电动绞丝机 1 台和小钻床 1 台。

12.3.3 后压浆工艺流程

钻机就位→成孔验收→加工钢筋笼、注浆管→安装钢筋笼及注浆管→下导管→灌注成桩→桩身砼养护 3 天→连接压力注浆泵→压入清水、通管道→桩身砼养护 7 天→配制水泥→连接压浆管路→压浆拆卸清洗机具。

12.3.4 注浆管的加工和安装

1)注浆管采用 $\varnothing$30mm 钢管制作,其浆液出口部位连接 50cm 注浆花管,注浆管连接采用丝扣对接,在工地现场加工,同时须检查其密封性。

2)注浆管的安装。花管段注浆小孔在下入孔内前,预先用胶带缠牢,并用人力车内胎套在外部包扎牢靠,同时固定在钢筋笼内部,保证钢筋笼和注浆管顺利下到孔底。

12.3.5 该工程实际注浆参数:开塞压力为 2～4MPa,采用纯水泥浆浆液,水泥用量每桩 2.0t,水灰比为 0.5～0.6,注浆压力为 1.0～4.0MPa,确定终止压力为 4.0MPa 以上,以水泥用量控制为主,压力控制为辅。若水泥注入量达不到 2.0t,终止压力应大于 4.0MPa,并且稳压 10min 以上。

12.3.6 施工效果

本工程注浆施工过程顺利,4 根钻孔桩进行了静载试验,试验结果如表 12.3.1 所示。

表 12.3.1 静载试验

桩号	桩径 (mm)	桩长 (m)	单桩竖向极限 承载力(kN)	极限承载力对应 沉降量(mm)	备注
S1	800	65.02	6210	17.02	未注浆
S2	800	65.70	8964	48.68	未注浆
S3	800	67.40	10143	35.20	已注浆
S4	800	65.70	10143	30.36	已注浆

附录 A 钻孔灌注桩施工常见问题
的原因及处理方法

表 A.1 正循环成孔常见的问题原因及处理方法

常见问题	主要原因	预防或处理方法
在黏土层中钻进，进尺很慢，憋泵	泥浆黏度过大	调整泥浆性能
	钻压过大，孔底钻渣未能及时排出	调整钻进参数
	黏钻或钻头有泥包	调节冲洗液比重和黏度，适当增大泵量或向孔内投入适量砂石，解除泥包糊钻
在砂砾层中钻进，进尺缓慢，钻头磨损大	冲洗液上返流速小	加大泵量，增大上返流速
	钻渣未能及时排除	每钻进 4~6m，专门清渣一次
	钻头磨损严重	修复或更换钻头
钻具跳动大，回转阻力大，切削具崩落	孔内多有大小不等的砾石、卵石	用掏渣筒或冲抓锥专门捞除大石块
	孔内有杂填的砖块、石块	可用冲击钻头破碎或挤压石块通过这类地层

续表

常见问题	主要原因	预防或处理方法
钻杆或钻头离断	钻具强度降低或受损	检查钻具并及时维修、更换
	土层坚硬导致扭矩增大	减压低转速钻进,进尺减慢或更换钻头
	孔壁塌坍陷埋钻头	合理调整泥浆性能,加强泥浆护壁功能
	违规操作	不管什么原因导致钻具离断,先均应探明钻具在孔内准确位置,并采用优质泥浆循环,尽量减少钻头上方钻渣履盖厚度,再制定出具体打捞方案,具体打捞工具有锚钩、抱钩、打捞锥及振动锥等
泥浆泵无泵量或泵量明显减少	泥浆泵故障	停机检查泥浆泵
	钻杆、钻头、泥浆管路堵塞	停机检查
缩径	地层松软或场地环境问题	调整泥浆性能,加强泥浆护壁作用,加强扫孔次数
	进尺速度过快	调整钻进参数,增加扫孔次数
	泥浆比重过小	调整泥浆比重,增加扫孔次数
孔斜	钻机不平整或场地沉陷	及时检查与调整,严重孔斜时应回填孔再重新开钻
	地层原因导致土体软硬不均匀	降低钻机转速与进尺速度,反复扫孔
	钻杆或钻头问题	注意检测钻杆垂直度或钻头结构
塌孔	土体松散易失稳	调整泥浆比重与黏度,加强泥浆护壁作用,并尽量减小钻具对孔壁扰动
	泥浆性能不合理	调整泥浆性能
	孔周边的影响	尽量减少对正在施工钻孔的扰动

表 A. 2　泵吸反循环成孔常见的问题原因及处理方法

常见问题	主要原因	预防或处理方法
真空泵起动时，系统真空度达不到要求	起动时间不够	适当延长起动时间，但不宜超过 10min
	气水分离器中未加足清水	向气水分离器中加足清水
	管路系统漏气，密封不好	检修管路系统，尤其是砂石泵塞线和水龙头处
	真空泵机械故障	检修或更换
	操作方法不当	按正确操作方法操作
真空泵起动时不吸水，或吸水但起动砂石泵时不上水	真空管路或循环管路被堵	检修管路，注意检查真空管路上的阀是否打开
	钻头水口被堵住	将钻头提离孔底，并冲堵
	吸程过大	降低吸程，吸程不宜超过 6.5m
灌注起动时，灌注阻力大，孔口不返水	管路系统被堵塞物堵死	清除堵塞物
	钻头水口被埋住	把钻具提离孔底，用正循环冲堵
砂石泵起动、正常循环后，循环突然（或逐渐）中断	管路系统漏气	检修管路，紧固砂石泵塞线压盖或水龙头压盖
	管路突然被堵	冲堵管路
	钻头水口被堵	消除钻头水口堵塞物
	吸水胶管内层脱胶损坏	更换吸水胶管

常见问题	主要原因	预防或处理方法
在黏土层中钻进时,进尺缓慢,甚至不进尺	钻头有缺陷	检修或更换钻头
	钻头有泥包或糊钻	清除泥包,调节冲洗液的比重和黏度,适当增大泵量或向孔内投入适量砂石解除泥包糊钻
	钻进参数不合理	调整钻进参数
在基岩中钻进时,进尺很慢甚至不进尺	岩石较硬,钻压不够	加大钻压(可用加重块)调整钻进参数
	钻头切削刃崩落,钻头有缺陷或损坏	修复或更换钻头
在砂层、砂砾层或卵石层中钻进时,有时循环突然中断或排量突然减小;钻头在孔内跳动厉害	进尺过快,管路被砂石堵死	钻进速度
	冲洗液的比重过大	立即销提升钻具,调整冲洗液比重至符合要求
	管路被石头堵死	起闭砂石泵出水阀,以造成管路内较大的瞬时压力波动,可清除堵塞物,或用正循环冲堵,清除堵塞物;如无效,则应起钻予以排除
	冲洗液中钻渣含量过大	降低钻速,加大排量,及时清渣
	孔底有较大的活动卵砾石	起钻用专门工具清除大块卵砾石
钻头脱落	钻管的连接螺栓松动或破损	及时将螺栓拧紧,破损者及时更换
转台不能旋转	液压泵或液压马达发生故障	修理或更换
	工作油不足	及时补充液压油

表 A.3   冲击成孔常见的问题原因及处理方法

常见问题	主要原因	预防或处理方法
桩孔不圆,呈梅花形,掏渣筒下入困难	钻头的转向装置失灵,冲击时钻头未转动	经常检查转向装置的灵活性
	泥浆黏度过高,冲击转动阻力太大,钻头转动困难	调整泥浆的黏度和比重
	冲程太小,钻头转动时间不充分或转动很小	用低冲程时,每冲击一段换用高一些的冲程冲击,交替冲击修整孔形
钻孔偏斜	冲击中遇探头石、漂石,大小不均,钻头受力不均	发现探头石后,应回填碎石,或将钻机稍移向探头石一侧,用高冲程猛击探头石,破碎探头石后再钻进
	基岩面产状较陡	遇基岩时采用低冲程,并使钻头充分转动,加快冲击频率,进入基岩后采用高冲程钻进;若发现孔斜,应回填重钻
	钻机底座未安置水平或产生不均匀沉陷	经常检查,及时调整,严重偏孔时应即时用黏土回填再重新开孔

续表

常见问题	主要原因	预防或处理方法
冲击钻头被卡，提不起来	钻孔不圆，钻头被孔的狭窄部位卡住（叫下卡）	若孔不圆，钻头向下有活动余地，可使钻头向下活动并转动至孔径较大方向提起钻头
	冲击钻头在孔内遇到大的探头（叫上卡）	使钻头向下活动，脱离卡点
	石块落在钻头与孔壁之间	使钻头上下活动，让石块落下
	未及时焊补钻头，钻孔直径逐渐变小，钻头入孔冲击被卡	及时修补冲击钻头；若孔径已变小，应严格控制钻头直径，并在孔径变小处反复冲刮孔壁，以增大孔径
	上部孔壁坍落物卡住钻头	用打捞钩或打捞活套助提
	在黏土层中冲程太高，泥浆黏度过高，以致钻头被吸住	利用泥浆泵向孔内泵送性能优良的泥浆，清除坍落物，替换孔内黏度过高的泥浆
	放绳太多，冲击钻头倾倒，顶住孔壁	使用专门加工的工具将顶住孔壁的钻头拔正
钻头脱落	大绳在转向装置联结处被磨断；或在靠近转向装置处被扭断；或绳卡松脱；或冲锥本身在薄弱断面折断	用打捞活套打捞；用打捞钩打捞；用冲抓锥来抓取掉落的冲锥
	转向装置与顶锥的联结处脱开	预防掉锥，勤检查易损坏部位和机构

续表

常见问题	主要原因	预防或处理方法
孔壁坍塌	冲击钻头或掏渣筒倾倒,撞击孔壁	探明坍塌位置,将砂和黏土(或砂砾和黄土)混合物回填到坍孔位置以上 1～2m,等回填物沉积密实后再重新冲孔
	泥浆比重偏低,起不到护壁作用	按不同地层土质采用不同的泥浆比重
	孔内泥浆面低于孔外水位	提高泥浆面
	遇流砂、软淤泥、破碎地层或松砂层钻进时进尺太快	严重坍孔,用黏土、泥膏投入,待孔壁稳定后采用低速重新钻进
吊脚桩	清孔后泥浆比重过低,孔壁坍塌或孔底涌进泥砂,或未立即灌注混凝土	做好清孔工作,达到要求,立即灌注混凝土
	清渣未净,残留沉渣过厚	注意泥浆浓度,及时清渣
	沉放钢筋骨架、导管等物碰撞孔壁,使孔壁坍落孔底	注意孔壁,不让重物碰撞孔壁

表 A. 4　旋挖成孔常见的故障原因及处理方法

常见问题	主要原因	预防或处理方法
护筒下沉降或偏移	护筒内径过小导致常与钻具刮碰	规范钢护筒尺寸
	护筒埋设深度不够	加长钢护筒
	地层松软或护筒周边土未夯实	按规范埋设护筒
缩径塌孔	土层松软易失稳	改善泥浆性能(黏度与比重),加强护壁
	泥浆性能不合理造成护壁效果不佳	改善泥浆性能
	地下水原因影响泥浆性能	改善泥浆性能或提高孔口液面高度
	严重漏浆	先堵漏再调节泥浆性能与储存泥浆
	钻速或进尺或提升钻具过快,扰动地层	尽量减少对孔壁扰动
卡埋钻具	土层松散致塌孔	调节泥浆性能,加强护壁功能
	泥浆比重过小致孔缩径	调整泥浆比重
	钻筒外壁与孔壁间隙过小	调整钻斗外刃
	钻具在孔内停钻时间过长致钻渣过多	用泥浆循环方式清返钻渣
	机械故障或违规操作	及时维养与规范操作

续表

常见问题	主要原因	预防或处理方法
孔斜	地表耐力不够造成钻机倾斜	加强地表耐力或铺设钢板并及时监测
	钻机安装问题或系统故障	请厂家专业人员指导排除故障
	地层换层或遇到软硬不匀地层	转速与进尺速度变慢并反复扫孔
	钻斗与钻杆连接问题	注意检查,严重孔斜时应回填桩孔重新开始
沉渣过多	泥浆比重过大或过小均会导致	合理调整泥浆比重指标
	钻斗损坏或结构不合理	及时修复或调整钻斗结构
	终孔后停留时间过长	调整泥浆性能或尽量缩短停孔时间

表 A.5 钢筋笼施工常见的故障原因与处理方法

常见问题	主要原因	预防或处理方法
钢筋笼尺寸偏差过大,电焊不牢	钢筋笼加筋箍制作不规范。 主筋间距控制不匀。 外箍筋点焊不牢固。	加筋箍入模制作、电焊固定成形。 主筋点焊采用卡具测量固定。 外箍筋与主筋压紧后再点焊,且焊点牢固。
钢筋笼下受阻	桩孔成型不规则,局部缩径,一清工作不到位桩孔中、下部泥块板结。 钢筋笼接头连接扭曲,笼身与孔壁卡紧受阻。 钢筋笼配筋过细,刚度较弱也不利下放。	加强成孔,清孔质量管理,防止桩孔缩筋、歪斜。 做好钢筋笼连接时垂直度控制,保持上下节钢筋笼节头顺直。 钢筋笼设计时应考虑施工安装的基本要求,配筋不宜过细。
钢筋笼掉落孔内	孔口安装过程中的掉笼原因为:加筋箍过弱或与主筋电焊不牢固,下放过程冲击力过大。 浇灌过程中的掉笼原因:导管偏心拔插过程碰撞钢筋笼,吊筋被拉脱或拉断。	加强加筋箍与主筋的电焊连接,必要时讲钢筋笼两端加筋箍加粗或采用双箍。保证临时栓隔杆件的强度。缓慢下放,减少冲击力。 力求导管居中,避免导管碰撞钢筋笼,做好吊筋与钢筋笼的连接固定,必要时加粗吊筋。
钢筋笼上浮	浇灌过程中钢筋笼上浮一般发生在半笼桩基,原因有:笼重较轻,笼底混凝土高速下泄而产生向上反的冲击力顶举钢筋笼上浮。	加强清孔质量管理,保证孔内泥浆黏度,防止浇灌过程中的沉渣固结。 快速安排浇灌工作,保证钢筋笼底部混凝土的流动性。 在孔内混凝土上灌到笼底附近应合理控制埋管深度。

表 A.6　水下混凝土灌注常见的故障原因与对策

常见问题	原因分析	预防或处理方法
桩身灌注过程导管堵塞	孔底钻渣、沉渣过厚。钻孔、清孔作业质量未达标,进尺过快,钻渣呈块状;一次清孔时间短,泵压相对不足,未能有效清除孔内钻渣。	根据不同地质情况制定合理的进尺速度;强化一次清孔质量控制,彻底清除孔内钻渣,严格控制二清质量的验收标准。
	导管埋管过深。浇灌过程不重视导管埋深控制,埋管超深(10m 以上),导管内外混凝土相对压力差过小,不利于混凝土排出,反复振抖,使导管内混凝土沉实而堵管。	浇灌过程合理控制埋管深度,勤拆导管。拆管前先测孔深并计算导管埋深,每次导管长度不宜超过 2 节,拆后埋管深度宜控制在 2~3m。
	混凝土和易性差。流动性小(坍落度过小)或明显离析(坍落度过大),主要原因是粗骨料含量高、级配不连续;细骨料(砂)的细度模数过小;单方水泥用量过少。	科学合理设计混凝土配比,保证粗骨料级配连续良好,提高砂的细度模;禁止使用细砂配料;严格控制混凝土的坍落度,合理选择水泥品种和控制最低单方水泥用量。
	导管内积水。导管陈旧或安装时密封圈漏放,接头渗(漏)水,或大量雨水从料斗流入导管,导管内的混凝土被稀释,最终导致堵管现象的发生。	导管使用前应做闭水测试,安装时必须放置密封圈,且丝扣紧固不得松动;大雨天气暂停浇灌或将料斗遮盖以防雨水流入。

续表

常见问题	原因分析	预防或处理方法
桩身灌注过程导管堵塞	孔内、导管内混凝土失去流动性。灌注过程中混凝土供应不及时,孔内及导管内混凝土逐渐凝固,来料后再次灌注,导管内混凝土无法排出而堵管。	混凝土供应及时、连续,停浇等料期间勤快活动导管,并适当减少导管埋深;另外,混凝土配制时适当掺加缓凝剂,延缓混凝土初凝时间。
	导管拔空、管内回水(泥浆)。导管起拔高度失控,管底脱离混凝土面,管内混凝土排空后泥浆回流进入管内,致使后续灌入的混凝土泡水离析而堵管。	拆管前先测定导管埋深,后确定提管高度与拆管长度,防止盲目拆管而脱空。
	异物堵塞导管。①反循环清孔时大块异物吸入管内未被排出,发生初灌堵管;②混凝土拌合物中的大石块、水泥块掉入管内卡塞导管。	灌注前应探测导管通畅情况,若不通畅应进行排除;灌注过程中检查混凝土出料情况,或在料斗处加设筛网。
	导管严重变形而堵管。导管壁厚过薄,桩孔超深(80m 以上),压差过大造成导管变形; 混凝土落料夹杂大量空气,在导管内部形成气栓,在管内负压作用下压扁导管。	选用厚壁优质导管,同时混凝土落料时,应从料斗一侧均速下落,避免落料过程中混凝土夹杂空气,形成气栓。
断桩	(1)导管接头密封不良,长时间等料、停浇,造成导管内大量积水。 (2)灌注过程中导管拔空,管内进入泥浆。 (3)灌注过程孔壁塌落,造成桩身夹泥断桩。	(1)加强导管接头密封管理,杜绝导管密封圈漏放,防止导管漏水。 (2)拆管前,必须先测算导管埋深,再确定拆管长度。 (3)提高泥浆护壁能力(提高比重和黏度),适当增加导管埋深,尽量将导管底部控制在塌落的泥土面以下。

续表

常见问题	原因分析	预防或处理方法
导管暴裂	混凝土下料过程中夹带空气,或混凝土离析导管下部堵塞、闭气,落料困难,提拉导管重撞管内空气被压缩涨,导管暴裂。	注重料斗部位的混凝土下料方法,避免空气带入,若管内落料困难,可适当提升导管,高提慢放,重复拔拆,切勿重撞。
导管掉落孔内	(1)导管陈旧、丝扣磨损严重,接头不严密、丝扣脱落。 (2)导管被钢筋笼或它物卡住,导管反转,造成丝扣退出。 (3)灌桩堵管后,振冲力过猛,接头丝扣拉断(脱)。	(1)加强导管整理维修,丝扣配套、严密。 (2)合理控制导管埋深,防止导管被卡或堵管现象出现。 (3)导管口掉落位置较浅,抽排泥浆,拴套钢丝绳拉拔出孔;导管落位较深或管顶埋入已浇混凝土内,下导管打捞器打捞出孔。导管打捞出孔后,先抽排导管内的泥浆,干净后加接料斗继续灌注,并做好后续混凝土灌注的反插工作。
抱管	(1)孔内块石等异物卡在导管与钢筋笼之间。 (2)孔底大量钻渣淤积于导管与孔壁之间,形成活塞。 (3)孔壁坍塌,钢筋笼严重变形造成钢筋笼卡住导管。	(1)必须安放护筒,防止块石等掉入孔内。 (2)做好一次清孔工作,终孔后的一次清孔沉渣厚度必须达标。 (3)适当提高泥浆的比重和黏度,防止孔壁坍塌。 当出现抱管时,应及时振动、强力提拉导管,把带出的钢筋笼分段割除,重新成孔。

表 A.7　灌注桩质量缺陷处理措施

桩身缺陷类型	缺陷位置	处理措施
桩身断裂	浅部	采用混凝土护壁或钢护筒护壁,开挖至断裂位置,进行二次接桩。
	深部	在桩身钻取 2～3 个 ∅65mm 钻孔,采用高压注浆(水泥浆)修复桩身断裂裂缝。
桩身夹泥(渣)	浅部	采用混凝土护壁或钢护筒护壁,开挖至夹泥位置,清除夹渣后,进行二次接桩。
	深部	补桩
桩身混凝土离析	浅部	采用混凝土护壁或钢护筒护壁,开挖至混凝土离析处,凿除离析的混凝土,进行二次接桩。
	深部	桩侧钻取 2～3 个 ∅100mm 钻孔或桩身钻取 2～3 个 ∅65mm 钻孔,采用高压注浆(水泥浆)修复桩身离析的混凝土。
桩顶混凝土松散	浅部	采用钢护筒护壁开挖,凿除桩头松散混凝土,二次接桩
桩底沉渣	深部	桩侧钻取 2～3 个 ∅100mm 钻孔或桩身钻取 2～3 个 ∅65mm 钻孔,采用高压注浆(水泥浆)固结桩底沉渣。
缩颈	浅部	采用混凝土护壁或钢护筒护壁,开挖至断裂位置,进行二次接桩。
	深部	桩侧钻取 2～3 个 ∅100mm 钻孔,采用高压注浆(水泥浆)固化桩侧土体,提高桩侧土体的承载力。

备注:

①当场地地下水的渗透系数较大时,应慎用开挖接桩。当采用开挖接桩时应做好抽水、排水工作,防止孔壁坍塌。

②采用高压注浆修复质量缺陷时,完成修复工作的 14 天后,应进行桩身质量检测;有条件的,宜抽取 1～3 根桩进行承载力检测。

③采用二次接桩时,接桩处的混凝土界面应清除干净后,方可接桩。

④处理措施(方案)应经结构设计负责人签认,必要时,应进行专家论证。

附录 B 桩基施工质量记录

表 B.1 钻孔灌注桩施工记录表

序　号	记录表名称	
1	桩位测量定位记录	
2	工艺性试桩记录	
3	钻孔灌注桩开孔申请表	
4	钻孔灌注桩成孔施工记录(冲击)	
5	钻孔灌注桩成孔施工记录(回旋)	
6	隐蔽工程(钢筋笼)检查验收表	
7	钻孔灌注桩灌注前隐蔽工程验收记录	
8	钻孔灌注桩水下混凝土灌注记录	
9	砼施工日记(或商品混凝土质保单)	
10	钻孔灌注桩桩底注浆记录	
11	钻孔灌注桩桩位偏差记录	
12	混凝土强度(性能)试验汇总表	
13	混凝土灌注桩钢筋笼检验批质量验收记录	
14	混凝土灌注桩检验批质量验收记录	
15	钻孔灌注桩分项工程质量验收表	

表 B.2 桩位测量定位记录

ZKZ—01 编号：_____

工程名称				图纸编号		
测量仪器型号			测量方法	坐标法	测量时间	
坐标	支点 A		视点 B		桩号 ♯桩	
A(X)						
B(Y)						
ρ						
θ						

平面示意图	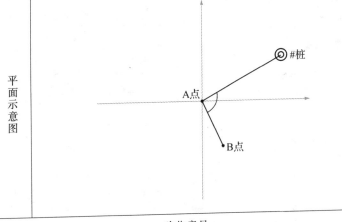

验收意见

分包单位： 测量员： 年 月 日	施工单位： 质检员： 年 月 日	监理单位： 专业监理工程师： 年 月 日

表 B.3　试打桩记录

ZKZ-02　编号：_____

工程名称		建设单位			试桩日期		
设计单位		总承包单位			分包单位		
设计桩型	砼强度等级		单桩设计承载力特征值	配筋情况		施工机械	
施工执行标准名称及编号							

试桩桩号及施工情况：

确定工程桩控制标准：

施工单位	年　月　日	勘察单位	年　月　日	监理单位	年　月　日	设计单位	年　月　日	建设单位	年　月　日

注：要求五方主体项目负责人签字盖章。

表 B.4 钻孔灌注桩开孔申请表

ZKZ—03 编号：_____

工程名称				施工单位		
桩　号		钻机编号		钻机型号		钻头型式
地坪标高		转盘标高		设计桩径		设计孔深

施工准备状态	桩位复核	
	护筒埋设	
	钻机就位对中	
	钻头、钻杆长度标定	
	各标高测定	
	机班长及操作工到位情况	
	管理人员到位情况	

分包单位意见	施工单位意见
施工员(签字)：_____ 日期：_____	质检员(签字)：_____ 日期：_____

监理(业主)意见：

监理单位_____ 专业监理工程师(签字)_____ 日期_____

167

表 B.5 钻孔灌注桩成孔原始施工记录(冲击)

ZKZ—04 编号：

工程名称				施工单位			
桩 号		钻机编号		设计桩径		设计孔深	
锤头直径		锤头型式		锤头长度		锤头重量	
桩顶标高		地面标高		设计有效桩长			

日期	钻孔时间		本次进尺 (m)	累计进尺 (m)	地质情况	施工情况
	自	至				

验收意见

分包单位：	施工单位：	监理单位：
质检员： 　　　年 月 日	质检员： 　　　年 月 日	专业监理工程师： 　　　年 月 日

表 B.6 钻孔灌注桩成孔施工记录(回旋)

ZKZ—05 编号：_____

工程名称				施工单位			
桩号		钻机编号		钻头长度		钻头形式	
钻头直径		主钻杆长度		设计桩径		设计孔深	

日期	钻孔时间		接杆长度(m)	机上余尺(m)	本次进尺(m)	累计进尺(m)	地层情况	施工情况
	自	至						

验收意见

分包单位：	施工单位：	监理单位：
质检员： 年 月 日	质检员： 年 月 日	专业监理工程师： 年 月 日

表 B.7 隐蔽工程(钢筋笼)检查验收表

ZKZ-06 编号：

单位工程名称			建设单位		图 号	
部位(桩号)			施工单位		时 间	

| 隐蔽检查内容 | 钢筋笼配筋：
钢筋笼长＝＿＿＿＿＿＿＿＿ m
钢筋笼直径 D＝＿＿＿＿＿＿＿ mm
主筋：＿＿＿＿＿＿＿＿＿＿＿＿＿
加劲箍筋：＿＿＿＿＿＿＿＿＿＿＿
保护层厚度：＿＿＿＿＿＿＿ mm
螺旋箍筋：＿＿＿＿＿＿＿＿＿＿
长度(加密段)：＿＿＿＿＿＿ m
螺旋箍筋：＿＿＿＿＿＿＿＿＿＿
长度：＿＿＿＿＿＿＿＿＿＿＿ m
连接方式：＿＿＿＿＿＿＿＿＿＿
主筋接头数量：＿＿＿＿＿＿＿ 个
钢筋原材检测单号：＿＿＿＿＿＿
钢筋焊接检测单号：＿＿＿＿＿
焊工姓名及证号：＿＿＿＿＿＿ | | | 简图： | | | |

| 检查意见 | 分包单位

质检员：

年 月 日 | 施工单位

质检员：

年 月 日 | 专业监理工程师：

(建设单位项目专业技术负责人)

年 月 日 | | | |

表 B.8 钻孔灌注桩灌注前隐蔽工程验收记录

ZKZ—07 编号：_____

工程名称		桩号	
开孔日期		终孔日期	

验收内容

项目		设计及验收要求	验收结论
	桩孔直径(mm)		
桩孔深度	有效桩长(m)		
	桩底标高(m)		
	入持力层深度(m)		
泥浆比重			
桩孔垂直度			
二清后孔底沉渣(mm)			
钢筋笼	节数		
	长度(m)		
	笼顶标高(m)		
	笼底标高(m)		
导管	节数		
	长度(m)		
	导管下口离孔度距离(m)		
吊筋	直径(mm)		
	长度(m)		

验收意见

分包单位： 质检员： 　　年 月 日	施工单位： 质检员： 　　年 月 日	监理单位： 专业监理工程师： 　　年 月 日

171

表 B.9 钻孔灌注桩水下混凝土灌注记录

ZKZ－08 编号：

工程名称			施工单位				
桩号		桩径		实际孔深		地面标高	
设计桩顶标高		松散层高度		有效桩长		强度等级	
坍落度		理论方量		实际方量		充盈系数	
时间		导管深度（m）	砼灌注方量		砼面距孔口距离（m）	导管拆除长度（m）	拆管后埋管深度（m）	灌注情况
自	至		本次方量	累计方量				

验收意见

分包单位：	施工单位：	监理单位：
施工员： 　　　年 月 日	施工员： 　　　年 月 日	专业监理工程师： 　　　年 月 日

表 B.10　砼施工日记

ZKZ—09　编号：＿＿＿＿＿

工程名称		施工单位			日期	
砼浇捣部位		天气		气温	上午	
					下午	
施工活动情况记载						
砼设计标号		实际砼浇捣数量	砼配合比	水泥　砂　石子　水		
水泥品种		水泥标号	水泥出厂日期	水泥批号		
砼坍落度		砂品种规格	石品种规格			
砼拌和方法		砼震捣方法	试块组数编号			
砼浇捣班组及岗位分工	班组： 负责：　　　　　震捣：					
其他：（掺附加剂、高低温措施、养护等）						
分包单位　　施工员			施工单位　　质检员			

表 B.11 灌注桩桩底注浆记录

ZKZ—10 编号：

工程名称								施工单位				
桩身砼度 等级								注浆 施工单位				
设计 水灰比				注浆管 直径				设计单桩 注浆水泥量		注浆日期		
序号	桩号	桩长 (m)	桩径 (mm)	注浆管号	桩身灌注日期	开塞注浆日期	清水开塞压力 (MPa)	注浆最大压力 (MPa)	注浆稳定压力 (MPa)	单管注浆水泥量(kg)	单桩累计注浆量 (kg)	备注
				管1								
				管2								
				管1								
				管2								
				管1								
				管2								
				管1								
				管2								
				管1								
				管2								
				管1								
				管2								
				管1								
				管2								

验收意见		
分包单位： 施工员： 　　　年　月　日	施工单位： 施工员： 　　　年　月　日	监理单位： 专业监理工程师： 　　　年　月　日

表 B.12 钻孔灌注桩桩位偏差测量记录

ZKZ-11 编号：_____（单位 mm）

工程名称						施工单位						
序号	桩号	桩径	东	南	西	北	序号	桩号	桩径	东	南	西	北
桩位偏差超过验收规范允许偏差的桩号													

分包单位：	施工单位：	监理单位：
项目技术负责人： 年 月 日	项目技术负责人： 年 月 日	专业监理工程师： 年 月 日

表 B.13 混凝土强度(性能)试验汇总表

工程名称：

施工单位： ZKZ－12 编号：_____

工程部位及编号	设计要求强度等级(压、折、渗)	试验编号	养护条件	龄期(天)	抗压强度(N/mm²)	抗折强度(N/mm²)	抗渗等级	强度值偏差及处理情况

施工项目技术负责人：_____ 填表人：_____ 年 月 日

表 B.14 混凝土试块抗压强度评定表

ZKZ－13 编号：_____

工程名称					编　号	
					强度等级	
施工单位					养护方法	
统计期				结构部位		
试块组数	强度标准值 $f_{cu,k}$（MPa）	平均值 mf_{cu}（MPa）	标准差 Sf_{cu}（MPa）	最小值 $f_{cu,\min}$	合格判定系数 λ_2	
每组强度值 MPa						
评定界限	统计方法（二）			非统计方法		
	$0.90f_{cu,k}$	$mf_{cu}-\lambda_1\times Sf_{cu}$	$\lambda_2\times f_{cu,k}$	$1.15f_{cu,k}$	$0.95f_{cu,k}$	
判定式	$mf_{cu}-\lambda_1\times Sf_{cu}\geqslant$ $0.90f_{cu,k}$	$f_{cu,\min}\geqslant$ $\lambda_2\times f_{cu,k}$		$mf_{cu}\geqslant$ $1.15f_{cu,k}$	$f_{cu,\min}\geqslant$ $0.95f_{cu,k}$	
结果						
结论						
批准		审核			统计	
报告日期						

表 B. 15 混凝土灌注桩钢筋笼检验批质量验收记录

(GB50202－2013)表 E　　　　ZKZ－14　编号：＿＿＿＿

单位(子单位)工程名称			分部(子分部)工程名称		分项工程名称	
施工单位			项目负责人		检验批容量	
分包单位			分包单位项目负责人		检验批部位	
施工依据				验收依据		
验收项目			设计要求及规范规定（mm）	最小/实际抽样数量	检查记录	检查结果
主控项目	1	主筋间距	±10			
	2	长 度	±100			
一般项目	1	钢筋材质检验	符合设计要求			
	2	箍筋间距	±20			
	3	直 径	±10			
施工单位检查结果		分包单位： 质检员： 　　　　年 月 日		施工单位： 质检员： 　　　　年 月 日		
监理(建设)单位验收结论		专业监理工程师： (建设单位项目专业技术负责人) 　　　　　　　　　　年 月 日				

表 B.16 混凝土灌注桩检验批质量验收记录

（GB50202－2013）表 E   编号:010208□□□

单位(子单位)工程名称			分部(子分部)工程名称		分项工程名称	钻孔灌注桩工程
施工单位			项目负责人		检验批容量	
分包单位			分包项目负责人		检验批部位	
施工依据				验收依据		

验收项目			设计要求及规范规定	最小/实际抽样数量	检查记录	检查结果
主控项目	1	桩位偏差(mm)	$D/6$,且不大于 100			
	2	孔深偏差(mm)	＋300			
	3	桩体质量检验	按基桩检测技术规范。如钻芯取样,大直径岩桩应钻至桩尖下 50cm			
	4	混凝土强度	符合设计要求			
	5	承载力	设计要求:			

	1	桩垂直度		<1%			
一般项目	2	桩径(mm)		±50			
	3	泥浆比重		1.15~1.20			
	4	泥浆面标高(m)		0.5~1.0			
	5	沉渣厚度(mm)	端承桩	≤50			
			摩擦桩	≤150			
	6	混凝土坍落度(mm)	水下灌注	160~220			
			干施工	70~100			
	7	钢筋笼安装深度(mm)		±100			
	8	混凝土充盈系数		>1.1			
	9	桩顶标高(mm)		+30,−50			

施工单位检查结果	专业工长： 项目专业质量检查员： 　　　　　　　　　年　月　日
监理单位验收结论	专业监理工程师： 　　　　　　　　　年　月　日

表 B.17 桩基 分项工程验收记录

(GB50300－2013)表 F.0.1 编号:□□□

单位(子单位)工程名称		分部(子分部)工程名称			
分项工程数量		检验批数量			
施工单位		项目负责人		项目技术负责人	
分包单位		分包单位项目负责人		分包内容	

序号	检验批名称	检验批容量	部位/区段	施工单位检查结果	监理单位验收结论
1					
2					
3					
4					
5					
6					
7					
8					
9					

说明:

施工单位检查结果	项目专业技术负责人: 年 月 日
监理单位验收结论	专业监理工程师: 年 月 日

附录 C 常用计量单位及计算公式

表 C.1 长度单位换算

米（m）	市尺	英寸（in）	英尺（ft）	码（yd）	英里（mile）
1	0.3333	0.0254	0.3048	0.9144	1609.3440

英寸分数（in）	1/16	1/8	1/4	5/16	3/8	1/2	3/4	7/8	1
我国习惯称呼	半分	一分	二分	二分半	三分	四分	六分	七分	1 吋
毫米（mm）	1.5875	3.1750	6.350	7.9375	9.5250	12.7000	19.0500	22.2250	25.4000

表 C.2 面积单位换算

平方米（m²）	公顷（ha）	平方公里（km²）	平方英尺（ft²）	平方码（yd²）	英亩	平方英里（mile²）
1	10000	1000000	0.0929	0.8361	4046.8564	2.59×10^6

表 C.3 体积（容积）单位换算

立方米（m³）	立方厘米（cm³）	升（L）	立方英尺（ft³）	立方码（yd³）	英加仑（gal）	美加仑（gal）
1	10^{-6}	10^{-3}	0.0283	0.7646	0.0045	0.0038

表 C.4 重量单位换算

公斤（kg）	克（g）	吨（t）	市斤	盎司（OZ）	磅（lb）	英吨（ton）	美吨（uston）
1	10^{-3}	10^3	0.5	0.0283	0.4536	1016.0461	907.1840

表 C.5 应力、强度单位换算

帕斯卡（N/m²）	兆帕（MPa）	千克力（kgf/cm²）	吨力（tf/m²）	磅力（lbf/ft²）
1	10^6	9.8066×10^4	9806.6136	47.8808

表 C.6 标准筛常用网号与目数

网号（号）	5.0	4.0	2.5	0.4	0.325	0.15	0.078	0.045	0.034
目数（目）	4	5	8	40	50	110	200	300	400
孔（cm²）	2.56	4	10.24	256	400	1600	6400	14400	25600

表 C.7 常用钢管理论重量

公称口径		外径 （mm）	普通管		加厚管	
mm	英寸		壁厚(mm)	kg/m	壁厚(mm)	kg/m
6	1/8(1 分)	10	2	0.39	2.50	0.46
8	1/4(2 分)	13.5	2.25	0.62	2.75	0.78
10	3/8(1 分半)	17	2.25	0.82	2.75	0.97
20	3/4(6 分)	26.75	2.75	1.63	3.50	2.01
25	1(吋)	33.5	3.25	2.42	4.0	2.91
32	$1\frac{1}{4}$(1 吋 2 分)	42.25	3.25	3.13	4.0	3.77
40	$1\frac{1}{2}$(1 吋 4 分)	48	3.50	3.84	4.25	4.58
80	3 吋	88.5	4.0	8.34	4.75	9.81

表 C.8　石油产品单位换算

名称	kg/L	t/m³	桶/t	L/t
汽油	0.742	0.742	6.7385	1347.71
煤油	0.814	0.814	6.1425	1228.50
轻柴油	0.831	0.831	6.0168	1203.37
中柴油	0.839	0.839	5.9595	1191.90
重柴油	0.880	0.880	5.6818	1136.36

注:(1 桶＝200L)

面积计算公式

① 圆形面积

$$A = \pi r^2 = \pi^2 d/4$$ 　　　　　　$(r$ 为半径, d 为直径$)$

② 椭圆面积

$$A = \pi ab/4$$ 　　　　　　　　$(a$ 为长轴, b 为短轴$)$

③ 扇形面积

$$A = r \cdot s/2$$ 　　　　　　　$(r$ 为半径, s 为弧长$)$

④ 弓形面积

$$A = \frac{1}{2}\left[r(s-b) + bh\right]$$

$$s = r \cdot a \cdot \pi/180$$

$$h = r - \sqrt{r^2 - a^2/4}$$

$(r$ 为半径, s 为弧长, a 为中心角, b 为弦长, h 为高$)$

体积计算

① 棱锥

$$V = A \cdot h/3$$ 　　　　　　　$(A$ 为底面积, h 为高$)$

② 棱台

$$V = h(A_1 + A_2 + \sqrt{A_1 A_2})/3$$

$(A_1$ 为上面积，A_2 为下面积，h 为高)

③ 球

$$V = 4\pi r^3 / 3$$

$(r$ 为球半径)

④ 球楔

$$V = 2\pi r^2 \cdot h/3$$

$(r$ 为球半径，h 为弓形高)

⑤ 球缺

$$V = \pi h^2 (r - h/3)$$

$(r$ 为球缺半径，h 为球缺的高)

极坐标法测量公式

$$\rho = \sqrt{\Delta x^2 + \Delta y^2}$$

$(\rho$ 为极距，Δx、Δy 为坐标增量)

$$\theta = \arctan(\Delta y / \Delta x)$$

$(\theta$ 为与 x 轴的夹角)

附录 D　引用标准及规范

［1］GB 50021—2001(2009 年版),岩土工程勘察规范.

［2］GB 50007—2011,建筑地基基础设计规范.

［3］DB 33/1001—2003,浙江省建筑地基基础设计规范.

［4］DB 33/T1065—2009,浙江省工程建设岩土工程勘察规范.

［5］JGJ 94—2008,建筑桩基技术规范.

［6］GB 50300—2013,建筑工程施工质量验收统一标准.

［7］GB 50202—2002,建筑地基基础工程施工质量验收规范.

［8］DZ/T 0155—95,钻孔灌注桩施工规程.

［9］DG/TJ 08—202—2007,上海市钻孔灌注桩施工规程.

［10］DBJ/T 14—067—2010,旋挖成孔灌注桩施工技术规程.

［11］龚主华等.岩土工程施工方法.沈阳:辽宁科技出版社,1990.

［12］李世忠.钻探工艺学.北京:地质出版社,1992.

［13］杨惠民.钻探设备.北京:地质出版社,1988.

［14］JGJ 106—2003,建筑基桩检测技术规范.

［15］张忠苗.灌注桩后注浆技术及工程应用.北京:中国建筑工业
出版社,2009.

［16］罗骐先,王五平.桩基工程检测手册(第三版).北京:人民交通
出版社,2010.

［17］陈凡等.基桩质量检测技术.北京:中国建筑工业出版社,2003.

［18］GB/T 50502—2009,建筑施工组织设计规范.

［19］DB33/T 1087—2012,基桩承载力自平衡检测技术规程.

［20］DB33/T 1093—2013,基桩钢筋笼长度磁测井法探测技术规程.

［21］GB/T 50640—2010,建筑工程绿色施工评价标准.